THEO GRÜNTJENS, MICHAEL ENDE

# HEIDELAND

## NATUR IN SAND, WALD UND MOOR

INITIA MEDIEN UND VERLAG

# Impressum

**Herausgeber**
Theo Grüntjens

**Verlag und Gestaltung**
Initia Verlag und Medien UG (haftungsbeschränkt)
Woltersburger Mühle 1 | 29525 Uelzen
www.initia-medien.de | info@initia-medien.de



**Druckerei**
Mundschenk Druck- und Vertriebsgesellschaft mbH & Co. KG, Soltau

**Erstauflage 2016, 2000 Exemplare**

ISBN 978-3-9816901-1-8

# Grußwort

Meine Liebe zur Lüneburger Heide wurde vor mehr als 20 Jahren entfacht. Auf dem Weg von Wuppertal gen Norden, wir wollten Freunde in Schwerin besuchen, kamen wir in einen gefühlt nicht enden wollenden Stau. Ferienstart in NRW. Nördlich von Hannover verließen wir die A7, um einen Zwischenstopp einzulegen.

Die griffbereite Landkarte zeigte in überschaubarer Entfernung einen See an. Da ich ein sehr naturverbundener Mensch bin, sollte es wenigstens ein ruhiger Ort für die Übernachtung sein. Unser zufälliges Ziel in der Südheide waren die Meissendorfer Teiche bei Gut Sunder. Schon auf dem Fußweg zum Hotel ertönte der grelle Pfiff des Eisvogels. Nach ein paar Schritten kreuzte eine Ringelnatter unseren Weg und aus unserem kurz nach der Ankunft bezogenen Zimmer waren weitere Eisvögel zu sehen. Schnell war der Entschluss gefasst, unsere Freunde zu benachrichtigen und das Treffen kurzerhand in die Heide zu verlegen.

So zufällig diese Liebelei mit der Lüneburger Heide begann, so regelmäßig suche ich seitdem diesen wunderbaren Lebensraum zwischen Celle und Uelzen zu allen Jahreszeiten ganz bewusst und immer wieder gerne auf, um neue Gebiete zu entdecken. Für Naturliebhaber und -fotografen gleichermaßen bietet die Lüneburger Heide vielfältige Möglichkeiten, großartige Natur zu beobachten und zu dokumentieren.

Vor einigen Jahren hatte ich zudem das außerordentliche Glück, Theo Grüntjens kennenzulernen. Durch ihn habe ich einen noch intensiveren Einblick in einzigartige Lebensräume mit ihren wunderbaren Geschöpfen erfahren. Während unzähliger Stunden, die ich in der Heide zugebracht habe, konnte ich etlichen, sehr eindringlichen Naturerlebnissen beiwohnen. Für mich als Naturfotograf liegt genau hier der Fokus meiner Aktivitäten und ich bin dankbar, das alles mit Theo Grüntjens teilen zu können. Viele meiner Traummotive sind in dieser unberührten Region entstanden.

Versuchen wir alle, diese mannigfaltige Natur mit ihrem einzigartigen Reichtum zu bewahren.

Klaus Tamm

Im Juli 2016

EOS

# Vorwort

Tiefer Himmel, warme Farben, frischer Wind, weiter Horizont: Die norddeutsche Heide fasziniert zu jeder Jahreszeit. Sie ist Heimat. Für Pflanzen, Tiere, Menschen. In der abwechslungsreichen Landschaft mit Heiden, Wäldern und Wiesen, Flüssen, Mooren und Seen gibt es unendlich viel zu entdecken. Die Ursprünglichkeit der Gegend und die Reichhaltigkeit von Flora und Fauna geben immer neue Rätsel auf: Wie hängt das alles zusammen? Was geschieht, wenn sich Parameter im System verändern?

Dieses Buch ist eine Bestandsaufnahme ohne Anspruch auf Vollständigkeit. Es zeigt Natur, Tiere, Pflanzen, Menschenwerk und will dazu anregen, über das eng gesponnene Netz gegenseitiger Abhängigkeiten nachzudenken. Selbst das Allerkleinste hat mit dem Allergrößten zu tun. Das geht jedem auf, der sich die Mühe macht, nicht nur über Natur nachzudenken, sondern sie auch zu betreten und zu erleben und – bestenfalls – Teil von ihr zu sein.

Die Heide bietet dafür den idealen Raum. Sie ist eine einzigartige und schützenswerte Lebenswelt, deren Biotopvielfalt mit kleinen und großen Wundern der Flora und Fauna ein echter Schatz ist. Sollte hier auch nur ein winziges Juwel verschwinden, hätte das unübersehbare Folgen, denn: Alles hängt von allem ab.

Theo Grüntjens & Michael Ende

im Juli 2016

# Inhalt

## Heide 10

## Wald 70

# Heide 10

# Uralte Kulturlandschaft Norddeutsche Heide

Der Zauber der Heide: Wer ihn noch nicht selbst erlebt hat, kennt ihn wahrscheinlich aus Gedichten, Filmen oder wenigstens von schönen Fotos. Der Eindruck unberührter Landschaften bestimmt zumeist unser Bild von der Heidelandschaft. Doch genau das Gegenteil ist der Fall: Die Entstehung der norddeutschen Heidegebiete ist eine Geschichte des extremen Raubbaus des Menschen an der Natur. Selten entsteht daraus Gutes. Doch die Heide, wie wir sie heute kennen, ist ein Beispiel dafür, dass aus Zerstörung auch Schönes erwachsen kann.

Ein Blick zurück: Bis Ende des 19. Jahrhunderts war der Landstrich zwischen Celle und Lüneburg extrem dünn besiedelt. Wer hier lebte, existierte unter harten Bedingungen. Heute geben Museumsdörfer Einblicke in eine Epoche, in der Mensch und Tier oft unter einem Dach zusammenwohnten und auf Gedeih und Verderb voneinander abhängig waren. Garantiert hatte damals niemand Zeit, mit Muße durch die Natur zu wandern. Die Not zu überleben bestimmte das Handeln. Nur durch ausreichende Ernte von Feldfrüchten und Futter für Nutztiere konnten die langen Wintermonate überstanden werden. Acker- und Weidehaltung waren daher existentiell wichtig. Der karge Boden gab dafür nicht viel her. Auch brauchte man Holz für den Bau von Behausungen und zur Befeuerung der heimischen Herde. Deshalb wurden riesige Waldgebiete sukzessive gerodet und in Weide- und Feldflächen umgewandelt.

Oft blieb nur der ohnehin nährstoffarme Sandboden zurück, der zusehends weiter verarmte. Allerdings entstand so ein natürliches Keimbett für eine neue, nutzbare Pflanze: die Besenheide. Diese breitete sich schnell aus und tat gute Dienste: Mit dem Reisig der Heidepflanzen wurden Dächer gedeckt, Öfen befeuert und Ställe eingestreut. Die mit reichlich Dung angereicherte Streu bot wiederum hervorragenden Nährstoff für Feldflächen. Auch die Moore wurden genutzt: Der Handel mit getrocknetem Torfstich war sozusagen ein Exportschlager für angrenzende Gebiete.

Bis zum Beginn des 20. Jahrhunderts waren riesige Landstriche aus Heide und Moor typisch für den Norden. Danach begann das Zeitalter der intensiven Landwirtschaft. Nun standen mehr und mehr Ertragssteigerung und Gewinn im Vordergrund des Interesses. Im Zuge dessen wurden auf einstmaligen Heideflächen großräumig Wälder aufgeforstet sowie Acker- und Wiesenflächen mittels neu entwickelter, künstlicher Dünger kultiviert. Die meisten der reinen Heidegebiete blieben dabei auf der Strecke. Auch legte man zur Grünlandgewinnung großflächig Moore trocken und kanalisierte Flussläufe, um die Bewässerung der Felder zu gewährleisten.

Der bekannte Heidedichter Hermann Löns war der Erste, der diesen Wandel in Worte fasste: „Die Naturverhunzung arbeitete en gros, der Naturschutz en detail." Vielleicht muss man es nicht so hart ausdrücken. Doch aus gutem Grund bemüht man sich heute Stück für Stück, die liebgewonnene Heidelandschaft zu erhalten und dem Fortschritt zu trotzen. So gelingt es durch Naturschutzmaßnahmen „en detail" verbliebene Reste der Heide-Kulturlandschaft zu erhalten und die eingebetteten Feuchtgebiete und Flussläufe zu renaturieren. Wichtige Maßnahmen, die zudem auch seltenen Tier- und Pflanzenarten das Überleben sichern.

# Wie ein Phoenix aus der Asche

Um als charakteristische Pflanzengesellschaft überhaupt bestehen zu können, braucht die Heide intensive Pflege. Ließe man der Natur freien Lauf, würden Birken, Kiefern und Gräser in kürzester Zeit die Heide überwuchern. Es ist ein ständiges Anarbeiten gegen die Natur, um Heideflächen zu erhalten.

Zur Heidepflege gibt es vier grundsätzliche Maßnahmen: „Abplaggen" ist die tiefgründigste Bearbeitung des Heidebodens. Plaggen ist dann wichtig, wenn sich eine Humusschicht aufgebaut hat oder die Heide stark mit Gräsern durchsetzt ist. Auf geplaggten Flächen wird sozusagen alles auf Sand gesetzt. Hier entsteht eine neue Heidekultur.

Beim sogenannten „Schoppern" wird der Boden nur leicht an der Oberfläche abgetragen. Die Besenheide regeneriert sich dadurch. Auch das Mähen von Heideflächen dient der kurzfristigen Verjüngung der Pflanzen sowie der Gewinnung von Samen zur Kultivierung neuer Heideflächen.

Nur wenigen ist bekannt, dass Feuer die natürlichste Form zur Regeneration von Heidearealen ist. Allerdings gilt das nur für große Flächen ohne Wacholderbestand. Denn für die uralten Büsche bedeutet jegliches Feuer ein tödliches Inferno.

Es braucht eine Menge Erfahrung, um das feindliche Element Feuer zielführend einzusetzen. Klimabedingungen spielen dabei eine entscheidende Rolle: Nur in den ersten Wochen eines neuen Jahres, wenn Temperatur und Luftfeuchtigkeit in einem optimalen, genau definierten Bereich liegen, läuft der Brand langsam und lässt sich gut kontrollieren. Er frisst überalterte Heidepflanzen und die Humusschicht weg, verschont aber Insekten, die im Boden eingegraben überwintern. Auch stellt das Winterfeuer keine Gefahr für geflügelte und vierbeinige Bewohner dar: Sie haben genug Zeit, sich in unberührte Areale zurückzuziehen. Wichtig ist zudem, Gebiete alter Heide und frisch gebrannte Bereiche so zu strukturieren, dass wertvolle Brutgebiete erhalten bleiben. Kurz gesagt: Der Heidebrand gehört in Expertenhand.

Ist alles gelungen, erwachen bereits im Juni junge, zarte Triebe der Besenheide zu neuem Leben. Schnell werden die Gebiete auch wieder von bodenbrütenden Vögeln und Insekten besiedelt. Ein Indiz dafür, dass Zerstörung und Neubeginn in der Natur oft dicht beieinander liegen.

# Heidschnucke

## Ovis ammon f. aries

Heidschnucken sind die Lieblingsgärtner in der Heide. Mit stoischer Ruhe kürzen sie die krautigen Heidepflanzen und verpassen ihnen einen Pflegeschnitt. Sie knabbern auch Baumschösslinge weg, die sonst in kürzester Zeit die Heide überwuchern würden. Durch die Heidschnuckenbeweidung wird eine savannenähnliche Struktur geschaffen, die in der heutigen, meist intensiv genutzten Landschaft in Mitteleuropa extrem selten geworden ist. So erhalten die Schnucken nicht nur die Heide, sondern auch den Lebensraum von Birkhühnern und vielen anderen seltenen Arten. Sogar die Bienen profitieren von ihnen. Wenn die Heidschnucken im Spätsommer zur Heideblüte durch die Flächen ziehen, zerreißen sie mit ihren Beinen die Spinnweben im Heidekraut. So können die Bienen gefahrloser ihren Nektar sammeln.

Heidschnucken zählen zu den kurzschwänzigen mischwolligen nordischen Heideschafen. Sie stammen aller Wahrscheinlichkeit nach von auf Sardinien und Korsika beheimateten Mufflons ab. Diesen wilden Ursprung kann man angesichts der vor Kraft strotzenden Heidschnuckenböcke noch gut erahnen. Auch die Damen tragen Hörner. Ihre Lämmer sind bis zum Alter von einem Jahr rabenschwarz gefärbt. Erst nach der ersten Schur stellt sich die charakteristische Färbung mit schwarzem Kopf und Beinen und grau schattierter Wolle am Körper ein.

Für die Heide sind die Schnucken von immenser Bedeutung. Trotzdem ziehen immer weniger Schäfer mit ihren Herden durchs Land. Um 1900 verputzten noch rund eine Million der gehörnten Landschaftspfleger das krautige Grün, heute wird ihr Bestand auf nur noch 10.000 Tiere geschätzt.

Hätte Niedersachsen nicht schon ein wieherndes Wappentier, wäre es mit einem blökenden auch sehr gut bedient.

# Besenheide

## Calluna vulgaris

Sie ist Namensgeber und wichtigster Protagonist in allen Heideregionen Mittel- und Nordeuropas. Wenn Calluna vulgaris ab August bis weit in den September blüht, verzaubert sie als einzigartiges violettes Farbenmeer die Landschaft.

„Die Heide honigt" heißt es im Volksmund, sobald ihr unverwechselbares Aroma in der Luft liegt. Nun summt es lautstark über der Blütenpracht. Heerscharen von Bienen und andere geflügelte Feinschmecker bedienen sich am Nektar der Blüten. Aber auch in den anderen Monaten des Jahres – längst wieder in unscheinbare Brauntöne gehüllt – bietet Calluna vulgaris reichhaltigen, wertvollen Lebensraum für unzählige Tierarten. Sie ist bereits im zeitigen Frühjahr Kinderstube für bodenbrütende Vögel, beheimatet Milliarden Insekten und gewährt kleinen und großen Säugetieren ganzjährig Schutz.

Einst waren die krautigen Pflanzen auch für den Menschen von großem Nutzen. Im getrockneten Zustand wurden sie unter anderem als Einstreu-, Dünge- und Brennmaterial oder fest gebündelt als Besen verwendet. Letzterem verdankt die Besenheide ihren Namen.

Für Calluna vulgaris bilden kalkarme Sandböden eine ideale Grundlage. Es mutet paradox an, doch die Pflanzen lieben und brauchen eine trockene und nährstoffarme Basis. Wenn sich nährstoffhaltiger Humus auf den Flächen ansammelt, verkümmert die asketische Heide. Auf rohen Sandböden keimen die Samen am besten. Auch müssen die Pflanzen durch gezielte Reduktion gepflegt werden. Dadurch können sie sich immer wieder neu entwickeln. Überließe man sie dem ungestörten Wachstum, würden sie nach rund 15 Jahren verholzen und in der Folge absterben. Die Pflege durch Menschen und Heidschnucken ist daher unabdingbar für den Erhalt der wertvollen Bestände.

# Glockenheide

## Erica tetralix

Anders als die Besenheide hat die Glockenheide Bienen wenig zu bieten. Die geschlossene, glockenähnliche Form der Blüte macht es vielen Fremdbestäubern schwer, an den ersehnten Nektar zu gelangen. Bienen und Hummeln beißen die Blütenkrone kurzerhand seitlich auf. Tagfalter kommen dank ihres langen Rüssels besser an die süße Nahrung.

Hauptsächlich vermehrt sich die Glockenheide durch Selbstbestäubung und mit Hilfe der nur einen Millimeter großen Gewitterwürmchen. Die kleinen Insekten siedeln sich im Blütenkelch an und verrichten ihr nützliches Werk direkt an ihrer Nahrungsquelle. So entstehen Ende des Sommers kleine Kapselfrüchte, deren Samen sich im Herbstwind verbreiten.

Die Glockenheide, im Volksmund auch als Erika oder Sumpf- und Moorheide bekannt, ist ein winterhartes Zwergstrauchgewächs mit typischen immergrünen Nadelblättern. Typische Standorte in den deutschen Heidegebieten sind Feuchtheiden und Heidemoore. Dort wächst die Glockenheide bevorzugt im Halbschatten auf nährstoffarmen, aber relativ feuchten Böden bis zu einer Höhe von 30 Zentimetern heran.

Ein Anblick, der im Zuge von Entwässerungsmaßnahmen sehr selten geworden ist. Größere Bestände finden sich heute oftmals nur noch in Naturschutzgebieten. Biotoppflegemaßnahmen wie Wiedervernässung und Entbuschung können die Ausbreitung der Glockenheide fördern.

# Arnika

## *Arnica montana*

Ihre gelben Blüten leuchten wie kleine Sonnen: Die aromatisch duftende Arnika ist eigentlich in den Bergen zuhause, fühlt sich aber auch auf den Sandböden in den Heideregionen wohl. Arnika steht in Deutschland unter Naturschutz und darf nicht gesammelt werden.

In der Welt der heidnischen Bräuche spielte Arnika schon früh eine Rolle, besonders beim Kult der Sommersonnenwende. Ihre heilsame Wirkung wurde erst im 18. Jahrhundert erkannt und erfreut sich seither großen Zuspruchs. Vermutlich war einer der berühmtesten ersten Anwender Johann Wolfgang von Goethe, der Arnika als Teeaufguss gegen sein Herzleiden genossen haben soll. Von solch einer Anwendung wird allerdings wegen Vergiftungsgefahr längst abgeraten.

Arnika wird heute in homöopathischer Dosis als Erste-Hilfe-Mittel bei akuten Verletzungen, Blutergüssen, Schwellungen und Schmerzen selbst von Schulmedizinern geschätzt. Auch in der Sportmedizin schwört man auf Arnikasalben und -öle zur Behandlung von Zerrungen, Verspannungen oder Muskelkater.

Die frischen oder getrockneten Blüten der Arnika, die ausschließlich aus ausländischen Wildsammlungen stammen, werden in großen Mengen gehandelt. Der jährliche Bedarf allein in Deutschland wird auf etwa 50.000 Kilogramm geschätzt. Ihr Wert ist hoch: Der Preis eines Kilogramms getrockneter Blüten liegt bei etwa 80 bis 90 US-Dollar.

Es ist schwierig, die begehrte Pflanze konventionell anzubauen. Mittlerweile gibt es Fortschritte: Es ist gelungen, aus der Wildform eine Arnikasorte zu züchten, die für den Feldanbau geeignet ist. So könnte die Sammlung der Blüten und Wurzeln in der freien Natur künftig reduziert werden. Eine gute Nachricht für den Erhalt der rückläufigen natürlichen Vorkommen, denn die einst über ganz Europa verbreitete Arnika gilt inzwischen fast überall als bedroht.

# Wacholder

## Juniperus communis

Wer abends oder an Nebeltagen durch eine mit Wacholdern bewachsene Heide streift, kann wahrlich magische Momente erleben. Im schwindenden Licht verwandeln sich die Silhouetten der Wacholder zu mystischen Gestalten. Ein Hauch von Ewigkeit liegt über der Landschaft und verzaubert das Gemüt der Wanderer.

Wacholder sind die Wächter der Heide. Unglaublich vielgestaltig kommen sie vor: flach auf dem Boden liegend, wild verzweigt in alle Richtungen wachsend, teils kräftig oder gertenschlank oval nach oben strebend – kein Wacholder gleicht dem anderen. Die ältesten Exemplare werden bis zu 20 Meter hoch und haben bis zu 600 Jahre auf ihrem stacheligen Buckel.

Großflächige Wacholderheidebestände sind sehr selten geworden. Nicht zuletzt durch ihren hohen Pflegebedarf. Nur durch das regelmäßige Beweiden mit Heidschnucken und das Entfernen von Baumschösslingen bleiben die Wacholder-Relikte aus längst vergangenen Zeiten erhalten. Die immergrünen Zypressengewächse brauchen die stetigen Pflegemaßnahmen in ihrer Umgebung. Sie selbst möchten allerdings in Ruhe wachsen. Daher schützen sie sich mit äußerst spitzen Nadeln vor direktem Verbiss durch Tiere. Selbst die hartgesottenen Ziegen meiden das stachelige Grün.

Der in Niedersachsen heimische Heide-Wacholder (Juniperus communis) steht auf der „Roten Liste" der gefährdeten Pflanzenarten. Er kommt mit ärmsten, kalkarmen Böden und Trockenheit sehr gut zurecht. Aber er braucht das Licht offener Flächen. Oft stehen die Büsche wie Solitäre in der Landschaft. Kümmernde Exemplare in nunmehr geschlossenen Wäldern weisen auf frühere Heideflächen an diesen Stellen hin. Will man dieses heute seltene Gehölz in der Landschaft erhalten, so müssen entsprechende Flächen durch Schafbeweidung offengehalten werden.

Viele Lebewesen finden in und um diese stacheligen Gehölz ihren idealen Lebensraum. Eine Untersuchung ergab, dass 18 verschiedene Säugetiere, über 40 Vogel- sowie 20 Insektenarten die Umgebung der struppigen Büsche bevorzugen. Darunter befinden sich Wacholderprachtkäfer, Wacholderminiermotte und Wacholderborkenkäfer sowie die Wacholderdrossel.

Im Mittelalter gehörte der Wacholder zu den wichtigsten Pflanzen in der Heilkunde. Auch heute noch werden seine Früchte gerne genutzt – besonders in der Küche und für die Herstellung diverser Spirituosen. Wacholderbeeren brauchen drei Jahre zur Entwicklung: Im ersten Jahr sind sie noch grün, im zweiten leicht bläulich und im dritten Jahr blauschwarz und erntereif. Mit ihrem Aroma würzen die Beeren so manchen Braten und veredeln Wacholderschnaps und Gin.

# Besenginster

## Cytisus scoparius

Ginster und Heide gehören zusammen. Sie bilden eine sinnvolle Gemeinschaft auf den sandigen Böden ihres Lebensraums. Während die Heidepflanzen noch schlummern, wartet der Ginster spätestens im Mai mit einem goldgelben Blütenzauber auf. Damit erfreut er nicht nur das menschliche Auge, sondern stellt für Insekten eine erste, wichtige Nahrungsquelle dar.

Die Benennungen als Besenheide und Besenginster weisen auf die frühere Nutzung hin. Fest gebündelt dienten die strapazierfähigen Zweige beider Pflanzen zum Fegen von Häusern und Ställen.

Gemeinsam bilden Heide und Ginster wichtige, strukturierte Biotope mit Deckungs- und Windschutz für große und kleine Tiere. Da sich Ginsterbüsche weitflächig ausbreiten und bis zu zwei Meter emporwachsen können, sind sie auf großen Heideflächen auch als Einstand für Rehe und Rotwild attraktiv.

Im Gegensatz zur Heide birgt Ginster ein giftiges Geheimnis: Der Verzehr aller Pflanzenteile kann tödlich sein. Die Wildtiere wissen das zum Glück sehr genau. Der Mensch hat gelernt, daraus seinen Nutzen zu ziehen. Wie bei vielen Giften, bedarf es der richtigen Dosis, um daraus ein heilsames Mittel zu erzeugen. Bereits im 16. Jahrhundert schätzte man die Wirkung des ginstereigenen Alkaloids Spartein vor allem bei Herz- und Kreislaufbeschwerden sowie als harntreibendes Medikament zur Behandlung von Wassereinlagerungen. Bis heute wird das Ginstergift zur Herstellung medizinischer und homöopathischer Heilmittel genutzt.

So ist der Brambusch, wie man den Ginster umgangssprachlich in der Region nennt, ein zugleich typischer und in vielfältiger Weise nützlicher Protagonist in der Heidelandschaft.

# Gräser

## Poaceae

Da sie überall vorkommen, mögen sie unspektakulär und alltäglich erscheinen. Doch Gräser sind architektonische Meisterwerke und auf Hochtouren laufende Biomaschinen. Kein von Menschen geschaffenes Bauwerk kann es mit ihnen aufnehmen: Unerreicht sind Standfestigkeit und Biegsamkeit der Halme im Verhältnis zu Höhe und Durchmesser. Ihre Regenerationsfähigkeit und Wachstumsgeschwindigkeit sind enorm. Sie haben verschiedenste Standorte erobert– von sehr trocken bis extrem nass – und bilden unglaublich vielfältige Formen aus.

Gräser verzweigen sich an der Stängelbasis stark, weiter oben dagegen überhaupt nicht mehr. Dadurch bilden sie entweder dichte Horste oder eine Vielzahl von Ausläufern. Sie kommen mit Mahd oder Beweidung gut zurecht, da ihre Wachstums- und Erneuerungszonen gut geschützt tief am Boden liegen. Gräser bilden eine wichtige Futtergrundlage für viele Nutz- und Wildtiere. Süßgräser gehören zu den ältesten Nutzpflanzen. Zu ihnen zählen Getreide wie Weizen, Hafer, Hirse, Mais und Reis. Sie ernähren Menschen weltweit.

Grashalme können über einen Meter hoch werden und sind dabei an der Basis nur drei Millimeter dick. Aufgrund ihrer besonderen Konstruktion sind sie sehr biegsam: Sie besitzen parallel verlaufende Wasser- und Nährstoffleitungsbahnen, die verholzt und in der Pflanze ganz außen angeordnet sind. Innen sind die Grashalme hohl. Zwischen den hohlen Abschnitten sind sogenannte Knoten geschaltet. Hier befindet sich Zellmaterial, das schnell wachsen kann. Dadurch können sich die Stängel wieder aufrichten, falls sie durch Wind und Wetter umgeweht werden.

Durch die hohle Bauweise spart die Pflanze zudem Material und kann schneller emporstreben. Die Wachstumsgeschwindigkeit ist bemerkenswert: Bei feuchtwarmer Witterung wächst ein Grashalm einen Millimeter pro Stunde, so dass eine Wiese pro Woche bis zu 16 Zentimeter in die Höhe schießen kann.

Gräser gehören zum typischen Bild der Heidelandschaft. Allerdings muss ihr Flächenanteil in Grenzen gehalten werden. Zu schnell würden sie sonst das Heidekraut verdrängen.

Am häufigsten kommen Drahtschmiele und Pfeifengras vor. Besonderes Augenmerk verdient das Borstgas. Obwohl es in vielen Teilen Europas vorkommt, ist Borstgras in Norddeutschland eine seltene und als „stark gefährdet" eingestufte Art. Man findet es meist nur auf den trockenen, sauren Böden in den Heidegebieten.

Sein Name leitet sich von den borstig starren Halmen ab, an denen zur Blütezeit ab April kammartig abstehende Ährchen ausgebildet werden.

Die vielfältigen Gräser der Heide bilden besonders in der Herbst- und Winterzeit einen schönen beigefarbenen Kontrast zu dem dann rotbraun gefärbten Heidekraut. Dann hauchen auch Tau und Frost den längst trockenen Blütenständen eine besondere Schönheit ein.

# Honigbiene

## Apis mellifera

Ihre Arbeit schenkt Leben – auf ganz vielfältige Weise. Ihr Summen erfüllt die Luft, wenn die Heide blüht. Bienen „machen" nicht nur Honig. Wer die Bedeutung dieser Insekten auf ihren Mageninhalt reduzieren wollte, der verkennt die existentiell wichtige Rolle, die die Staaten bildende Imme nicht nur in der Natur, sondern ganz besonders für die menschliche Zivilisation spielt: Ein Großteil der Nahrungsmittel, die wir zu uns nehmen, ist maßgeblich von Insektenbestäubung abhängig. Diese entscheidende Ökosystem-Dienstleistung wird zum Großteil von Bienen erbracht. Sie sind unersetzlich.

Ohne Insektenbestäubung müssten bis zu drei Viertel der Nutzpflanzen, auf die der Mensch zu Ernährungszwecken angewiesen ist, mit anderen Mitteln bestäubt werden – ein Ding der Unmöglichkeit. Von 100 für den Menschen geeigneten Nahrungspflanzen, die für 90 Prozent unserer globalen Nahrungsmittelproduktion sorgen, werden 71 von Bienen bestäubt. Schätzungen zufolge liegt der globale wirtschaftliche Nutzen der Bestäubung bei 265 Milliarden Euro, was dem Wert aller Kulturpflanzen entspricht, die auf natürliche Bestäubung angewiesen sind. Dieser an sich schon unvorstellbare Faktor ist freilich stark unterschätzt, da sich dahinter die Tatsache verbirgt, dass die natürliche Bestäubung nicht zu ersetzen ist – und damit steigt ihr wahrer Wert ins Unendliche. Daran sollte man denken, wenn man Honigbienen bei ihrer eher unspektakulären Arbeit außerhalb ihres von einer Königin regierten Staates betrachtet.

Die nahrhaftesten und beliebtesten Nutzpflanzen, darunter viele wichtige Obst- und Gemüsesorten sowie Futterpflanzen für Fleisch- und Milchvieh, sind in ihrer Existenz bedroht, weil auch die Zukunft der Biene nachhaltig gefährdet ist. Die Hauptgründe dafür sind Klimawandel, Parasiten und Agrochemie. Die Verbannung bienenschädlicher Chemikalien aus der Landwirtschaft wäre ein grundlegender und wirksamer erster Schritt zum Schutz der Gesundheit von Bienenvölkern.

Zusätzlich üben neue Viren und Krankheitserreger Druck auf Bienenvölker aus. Imker sind sich einig, dass die parasitäre Varroamilbe die Bienenhaltung auf der ganzen Welt ernsthaft gefährdet. Alles hängt mit allem zusammen: So scheinen einige Pestizide Honigbienen zu schwächen, die infolgedessen anfälliger für Infektionen und Parasitenbefall werden – ein Teufelskreis.

Verrückterweise ist der Mensch auch hier mit Eifer dabei, genau das zu zerstören, was er eigentlich erhalten will: Durch Pflanzenschutzgifte tötet er wichtige Bestäuber wie Bienen und entzieht so den Pflanzen ihre Lebensgrundlage. Landwirtschaftsansätze wie ökologische Anbausysteme, die sich die biologische Vielfalt zunutze machen und ohne den Einsatz von Chemikalien auskommen, wirken sich günstig auf die Honigbiene aus. Ökologische Mischkultursysteme stellen zusätzliche Blütenressourcen für Bestäuber zur Verfügung und steigern die Habitatvielfalt für Bienen. Wer der Biene helfen will, der lässt die Finger von der chemischen Keule.

# Mistkäfer

## Geotrupidae

Er hofft auf genau das, was sich sonst niemand wünscht: dass Kot vom Himmel regnet. Er hat ein Näschen für Dung und deshalb findet man ihn überall dort, wo Pflanzenfresser ihre Hinterlassenschaften fallen lassen. Der Mistkäfer ist der Müllmann unserer Wälder – und dazu noch ein ganz besonders imposanter. Sein intensiv blauschwarzer Glanz hebt dieses halb daumennagelgroße Insekt von seiner Umgebung ab.

Der Käfer ist ein ausgesprochener Nahrungsspezialist. Er rollt Kot zu Kugeln zusammen, die er im Boden vergräbt und von denen sich seine Nachkommen ernähren. Dabei erweist er sich als wahrer Herkules, denn die Dungpillen können ein Vielfaches seines eigenen Körpergewichts erreichen.

Unbedarften Menschen mag sein Treiben rätselhaft erscheinen: Ein Käfer, der Kugeln durch die Gegend rollt, ist auf den ersten Blick auch mysteriös. So wundert es nicht, dass etwa die alten Ägypter das kleine Kraftpaket mit dem Lauf der Sonne in Verbindung brachten. Der Kotball als Sonne, die der Skarabäus formt, zielsicher transportiert und vergräbt: Sonnenuntergang.

Die ökologische Rolle des Mistkäfers ist nicht zu unterschätzen: Er sorgt dafür, dass Unmengen von Kot nicht nur genutzt werden, sondern auch direkt dorthin kommen, wo sie den Pflanzen, von denen sich wiederum die Kotproduzenten ernähren, am meisten nutzen. Der Käfer räumt den Wald auf und düngt ihn. Außerdem ist er ein Indiz für die Dichte des Tierbestands: Wo man Mistkäfer sieht, ist es auch um den Bestand an Säugetieren gut bestellt.

# Kreuzspinne

## Araneus

Sie sind unermüdliche Kämpfer gegen Waldschädlinge. Welche Legionen von ihnen „im Einsatz" sind, sieht man erst, wenn sich an einem Morgen im Spätsommer Tau über die Landschaft gelegt hat: Dann funkeln Myriaden winzig kleiner Tropfen in der Sonne und verraten, wo sich zwischen Bäumen, Sträuchern, Büschen und Grashalmen Netze von Kreuzspinnen verbergen. Diese kunstvollen Gebilde machen auf Menschen einen fragilen Eindruck. Würde man jedoch die tierischen Fäden auf humane Maße vergrößern, dann wären die Spinnfäden reißfester als das stärkste Stahlseil.

Die Schöpfer dieser Wunderwerke ernähren sich von kleinen Fluginsekten, die an den klebrigen Fangfäden der beinahe unsichtbaren Netze hängenbleiben. Dabei handelt es sich um kaum vorstellbare Mengen von Insekten, häufig auch Schädlinge. So wurden in einem Netz durchschnittlich etwa 100 baumschädigende Insekten täglich gezählt. Auf einem Hektar gesunden Waldes leben etwa 500.000 Spinnen, die in einem Sommer rund zwei Zentner Insekten vertilgen – wobei 50 bis 100 Blattläuse zusammen nur etwa ein Fünftel Gramm wiegen. So wird deutlich, dass Spinnen im Naturhaushalt eine maßgebliche Rolle spielen.

Die in Deutschland bekannteste Spinnenart ist die Gartenkreuzspinne. Die Männchen erreichen eine Körperlänge von zehn Millimetern, die Weibchen von bis zu 18 Millimetern. Der Grundfarbton der Gartenkreuzspinne kann von hellbraun bis fast schwarz reichen. Die Spinne kann sehr gut an den typischen Kreuzflecken auf dem vorderen Hinterleib erkannt werden. Das Kreuz setzt sich immer aus fünf Flecken zusammen: vier länglichen und einem kleinen, kreisförmigen Fleck in der Mitte. Im Mittelpunkt befindet sich die Spinne selbst auch am liebsten. Im Zentrum ihres bis zu 50 Zentimeter großen Netzes lauert sie auf Beute, die sich durch leichteste Berührungen am Netz bemerkbar macht. Bei der kleinsten Erschütterung stürzt sich die Kreuzspinne auf das im Netz gefangene Opfer und lähmt es mit einem giftigen Biss. Für den Menschen ist der Biss einer Kreuzspinne im Normalfall völlig ungefährlich.

Ungefährlich für die Spinnen ist der Mensch, wenn er möglichst oft die Finger von Chemikalien lässt. Insektizide sind nicht nur für Kerbtiere, sondern auch für deren Jäger Gift.

# Trichterspinne

## Agelenidae

„My home is my castle" – und der Schlossvorplatz mein Jagdrevier. Ungefähr nach diesem Motto haben sich die Trichterspinnen ungezählte Winkel erobert, in denen sie meistens gut versteckt ihrem Tagwerk nachgehen. Das besteht wie bei vielen anderen Spinnen in erster Linie aus zwei Tätigkeiten: bauen und warten.

Der Name kommt nicht von ungefähr: Trichterspinnen weben eine Wohnhöhle, die sich vom Eingang zur Mitte trichterförmig verengt und zwei Ausgänge hat. Die Tiere verbringen die meiste Zeit innerhalb dieser Wohnhöhle. Sie verlassen sie für gewöhnlich nur, wenn sie vertrieben werden oder sie sich wegen andauernden Nahrungsmangels einen neuen Platz suchen müssen.

Bei der Jagd verharren die Spinnen regungslos in ihrem Heim, ihre vorderen Beinpaare dabei tastend auf das Netz gelegt. Nähert sich ein Insekt den Fangfäden oder verstrickt sich darin, laufen die Spinnen blitzschnell heraus, ergreifen es und ziehen sich sofort wieder in ihren Schlupfwinkel zurück, um die Beute dort zu verzehren.

Die auf Wiesen und in der Heide häufige Trichterspinne webt ihre Netze bevorzugt im Gras oder in niedrigen Büschen. In dieser Nische kommt sie auch mit gelegentlichen Netzzerstörungen etwa durch weidende Tiere bestens zurecht – dann baut sie ihr Netz in kürzester Zeit einfach wieder neu. Nicht verwinden kann es die Spinne hingegen, wenn der Mensch ihren Lebensraum zerstört. Ohne Bauplatz stehen auch die größten Baumeister vor den Ruinen ihrer Existenz.

# Heideschrecke

## Gampsocleis glabra

Ihr Name ist nicht Programm, denn erschrecken wird sie garantiert niemanden. Ganz im Gegenteil: Die Heideschrecke ist so extrem selten, dass ihr Anblick fachkundige Naturfreunde in größte Freude versetzt. Der Laie sieht nur einen klassischen Grashüpfer. Doch es lohnt sich durchaus genauer hinzuschauen.

Jahrzehntelang galt die Heideschrecke in Niedersachsen als ausgerottet. 1994 gelang es, einige der seltenen Insekten auf dem Rheinmetall-Testgelände bei Unterlüß nachzuweisen. Um die Art zu erhalten und zu verbreiten, wurden damals einzelne Exemplare gefangen und auf dem Truppenübungsplatz Munster angesiedelt. Bis heute kommen Heideschrecken ausschließlich in diesen beiden geschützten Gebieten vor. Warum das so ist, bleibt ein Rätsel. Möglicherweise liegt es an dem besonderen Zusammenspiel von Pflege und Schutz auf den großflächigen Heidearealen inmitten militärisch genutzter Flächen.

In den Beständen alter und junger Heide findet das zwar flugfähige, aber nicht flugfreudige Insekt seinen idealen Lebensraum. Die hellgrüne, bis zu 27 Millimeter große Heideschrecke ernährt sich am liebsten von Gräsern, Kräutern und Heideblüten. Ab und zu werden auch kleine Spinnen und Insekten erbeutet.

Von Anfang Juli bis Ende September ist das Zirpen der Männchen zu hören. Kopfüber im Heidekraut hängend bieten die Herren dann ihr musikalisches Können dar. Die Weibchen sind eher praktisch orientiert und legen derweil ihre Eier ab. Dabei bevorzugen sie sandige, vegetationsarme Böden. Mindestens zwei Jahre und beste klimatische Bedingungen braucht es, bis die Larven schlüpfen und eine neue Generation der seltenen Spezies heranwächst. Sonne, Wärme und Trockenheit sind neben stabilen Bedingungen im Habitat wichtige Faktoren auf dem Weg vom Ei bis zur ausgewachsenen Heideschrecke.

# Schmetterlinge

## Lepidoptera

Sie sind von filigraner Schönheit. Zart, sanft und leise flattern die Tagfalter, so mancher dicke Nachtfalter lässt dagegen ein deutliches Brummen hören. Bis ein Schmetterling entsteht, geschehen unglaubliche Verwandlungen. Aus einem Ei schlüpft eine Raupe. Sobald sich die Raupe verpuppt, folgt ein Wunder der Natur: die Metamorphose. Aus der trockenen Hülle schlüpft nach kurzer Zeit ein komplexes, fliegendes Wesen, dessen Lebenserwartung von nur einem Tag bis zu zehn Monaten reicht. Viel Aufwand für eine sehr kurze Lebenszeit.

Rund 170.000 Arten von Schmetterlingen wurden weltweit bereits katalogisiert. Jahr für Jahr werden mehrere hundert neu entdeckt. Außer in der Antarktis sind Schmetterlinge über den ganzen Erdball verbreitet. In Deutschland zählt man immerhin rund 3.700 Arten. In einem Naturschutzgebiet im Landkreis Uelzen dokumentierte ein Schmetterlingsexperte über 1.200 verschiedene Arten der Falter. Viele Schmetterlinge stehen auf der „Roten Liste" oder sind gar vom Aussterben bedroht.

Schmetterlinge sind fest mit ganz bestimmten Lebensräumen verbunden. So legen die Weibchen ihre Eier gezielt auf den Pflanzen ab, die später auch ihre Raupen ernähren. Rund acht Tage dauert es nur, bis die Raupen schlüpfen. Manche sind ein seltener Anblick; andere, wie der Eichenwickler oder der Eichenprozessionsspinner, werden zur Plage.

Farben und Zeichnung der Schmetterlinge sind echte Kunstwerke der Natur. Millionen winzig kleiner Schuppen, die wie Dachziegel auf den Flügeln angeordnet sind, weisen unterschiedliche farbliche Pigmentierungen auf. Sie bedienen sich zusätzlich der Interferenz. Das heißt, je nach Lichteinfall schillern und leuchten sie unterschiedlich bunt. Manche Schmetterlinge tarnen sich durch ihr Farbkleid: Sie können perfekt mit ihrer Umgebung verschmelzen. Andere setzen grelle Farben ein, damit Fressfeinde sie für giftig oder ungenießbar halten. Eine weitere Gruppe hat große Flecken auf den Flügeln, die Augen ähneln. Ist Gefahr in Verzug, klappen sie ihre Flügel auf, um den Feind zu erschrecken und nutzen die Verwirrung, um die Flucht anzutreten.

Schmetterlinge sind nicht nur schön anzusehen: Sie leisten wichtige Dienste für die Bestäubung der Pflanzen und sind vor allem als Raupe eine wichtige Futtergrundlage für die heimische Vogelwelt. Wie die nützliche Vielfalt erhalten? Es ist ganz einfach: Die Freude der Schmetterlinge sind natürlich blühende Wiesen und Gärten. Jeder Quadratmeter zählt. Wer solche Refugien pflegt, wird es wissen: Es flattert bunt und vielfältig.

# Feldhase

## Lepus europaeus

Sein Name ist Hase, doch in der Heide heißt er Mümmelmann. Fast jeder kennt hier die von Hermann Löns erdachte Geschichte über den tapferen Heldenhasen. Wer sie nicht kennt, sollte sie lesen. Gibt sie doch einer Tierfigur Ausdruck, die sonst recht wenig Beachtung findet. Hasen – so denkt man – kommen überall reichlich vor. Doch so ist es schon lange nicht mehr. Der Feldhase hat viele Feinde: Natürliche, wie sämtliche große und kleine wilde Raubtiere, und den Menschen, dessen unkontrolliert wildernde Hauskatzen und Hunde besonders während der Setzzeit seine Existenz massiv bedrohen.

Die zwischen zwei bis sechs Kilogramm schweren Hasen mit ihren charakteristischen großen „Löffeln" sind absolut sanfte Gesellen, die niemandem schaden. Sie sind zufrieden, wenn es für sie einen ungestörten Lebensraum sowie genügend Kräuter und Gräser als Futter gibt. Zusätzlich haben sie ein intelligentes Recycling- und Gesundheitsprogramm entwickelt. Feldhasen erzeugen in ihrem Blinddarm einen mit Vitamin B1 angereicherten Brei, den sie ausscheiden und gleich wieder fressen.

Vielleicht sind sie auch deshalb wahre Leistungssportler: Ein flüchtender Feldhase erreicht eine Spitzengeschwindigkeit von bis zu 80 Kilometern pro Stunde, wobei er seinen Feind zusätzlich noch durch gezieltes Hakenschlagen und Sprünge über zwei Meter hohe Hürden verwirren kann.

Feldhasen sind absolut standorttreu und bevorzugen warme, trockene und offene Flächen mit einer guten Rundumsicht. Dort liegen sie in frisch gescharrten Mulden, auch Sassen genannt. Mit ihren seitlich angeordneten Augen können die kurzsichtigen Tiere ihre Feinde zwar nicht in weiter Ferne, aber immerhin in einem Radius von fast 360 Grad wahrnehmen.

Nach einigen Scharmützeln zwischen den Rammlern und intensivem Brautschaugehoppel von Hase und Häsin wird im Februar der erste Nachwuchs geboren. Drei- bis viermal im Jahr wirft eine Hasenmutter bis zu sechs Junge. Diese verharren anfangs reglos in einer Mulde und warten geduldig, bis die Mutter kommt, um sie zu säugen. Die Mahlzeiten finden zweimal täglich immer zur gleichen Zeit und an derselben Stelle statt. Da Hasen sogenannte Nestflüchter sind, die sehend und behaart zur Welt kommen, werden sie schon recht früh selbstständig. Die meisten von ihnen bleiben trotzdem nur wenige Tage am Leben. Zu hoch ist die Zahl ihrer Fressfeinde.

Wer glaubt, Hasen seien nicht zu Lautäußerungen fähig, der irrt gewaltig. Doch wenn man ihre durchdringenden Klagelaute hört, ist alles längst zu spät. Hasen schreien nur dann, wenn sie direkt und massiv angegriffen werden.

# Wildkaninchen

## Oryctolagus cuniculus

Es stand einst auf der Speisekarte vieler Tiere und auch des Menschen: das Wildkaninchen. Ursprünglich war der schmackhafte Nager auf der iberischen Halbinsel beheimatet, doch Menschen importierten das Tier auch nach Deutschland, wo es zunächst in Gehegen gehalten wurde. So kamen etwa im Jahr 1149 die ersten Kaninchen aus Frankreich in das Kloster Corvey bei Höxter. Einige büxten aus, und ihre Nachkommen waren sprichwörtlich fruchtbar: Immer, überall und reichlich waren sie draußen in Feld und Wald, aber auch in der urbanen Fläche zu sehen. Ob Friedhof, Golfplatz, Kornfeld, Wiese oder Feldrain, ob groß oder klein: Die grauen Flitzer waren allgegenwärtig.

In den frühen 50er-Jahren dezimierte eine aus Frankreich kommende Wildtierseuche die Kaninchenbestände deutlich. Eine gegen die australische Kaninchenplage – dort hatte sich der Nager durch Importe extrem stark vermehrt – entwickelte Krankheit gelangte in die europäische Kaninchenpopulation und verbreitete sich schnell. Die Myxomatose überrollte die in dichten Populationen lebenden Kaninchenbestände Europas. Die Besätze wurden in kurzer Zeit teilweise um bis zu 90 Prozent reduziert. An zugeschwollenen Augen war die Erkrankung äußerlich schnell erkennbar. Langsam siechten die Kaninchen dahin. Die im Wesentlichen von Mücken übertragene Krankheit war nicht mehr zu stoppen. Zunächst hatten die tierischen Nutzer es leicht, Beute zu machen – doch bald wurde die Anzahl der Wildkaninchen so stark reduziert, dass die üppige Nahrungsgrundlage plötzlich fehlte und der Druck der Prädatoren auf andere Arten ständig zunahm. Jedoch schafften es einige Nager, schnell resistent zu werden und die Weiterentwicklung des Wildkaninchenbesatzes zu sichern. Anfang der 80er-Jahre kam die nächste Krankheitswelle über die arg gebeutelte Art. Die sogenannte Chinaseuche – ein wiederum von Menschen verursachter Seuchenzug – rollte mit Mortalitätsraten von 98 bis 100 Prozent über die verbliebenen Bestände hinweg. Innerhalb weniger Tage war somit ein Grundnahrungsangebot der meisten heimischen Beutegreifer verschwunden.

Früher versuchte man, des „Plagegeists der Landwirtschaft" mit allen Mitteln Herr zu werden, um zum Beispiel Getreidefelder oder junge Forstkulturen gegen Verbiss zu schützen. Heute ist bereits der Anblick eines Jungkaninchens eine große Freude. Es bleibt abzuwarten, ob das Kaninchen sich an die neuen Gegebenheiten anpassen kann oder ob der Mensch versuchen muss, seine fatalen Eingriffe wieder zu korrigieren.

# Hermelin

## Mustela erminea

Es ist wuselig, blitzschnell und immer auf dem Sprung: Das Hermelin ist mit seinen bis zu 40 Zentimetern Länge nach dem Mauswiesel die kleinste heimische Marderart, und im hellbraunen Sommerfell ein nahezu unsichtbarer Jäger.

Doch sein Winterpelz hat es ungewollt weltberühmt gemacht. In der kalten Jahreszeit ist das Hermelin bis auf die Schwanzspitze schneeweiß. So weiß, dass es einst hieß, ein Hermelin wollte lieber sterben als sein reines Fell im Schlamm zu besudeln. Im Sinne des Hermelins war diese Legende garantiert nicht, zumal sie fatale Auswirkungen hatte: Als Symbol für moralische Reinheit und Unschuld kleidete und präsentierte sich der Adel und Klerus seit dem Mittelalter gerne in Hermelinpelze gehüllt.

Das Hermelin ist anpassungsfähig und nicht nur in der Heide, sondern in verschiedenen Lebensräumen zu finden, darunter Felder, Wiesen, Ufer und Waldränder. Der kleine Räuber nimmt, was er überwältigen kann: Zu seiner Beute gehören kleine Säugetiere – vor allem Mäuse –, Vögel, Vogeleier, Fische, Eidechsen und Insekten.

Den Tag verbringen Hermeline in der Regel in ihrem Unterschlupf. Das sind meist verlassene Baue anderer Tiere und hohle Baumstämme. Unterwegs sind Hermeline hauptsächlich in der Dämmerung oder bei Nacht. Wenn es in seinem Revier unterwegs ist, macht das Tier oft „Männchen", um sich zu orientieren. Das ist zwar praktisch, aber nicht ungefährlich, denn das Hermelin ist nicht nur Beutegreifer, sondern regelmäßig auch selbst Beute: Greifvögel, Eulen, Füchse und Dachse zählen zu den Fressfeinden des quirligen Marders.

# Zauneidechse

## Lacerta agilis

„Nomen est Omen" gilt für die Zauneidechse. Ihr Name bedeutet, dass sie Grenzstrukturen und Übergangsbereiche als Habitat bevorzugt. Passend ist auch die Übersetzung des französischen Namens „Eidechse der Baumstümpfe" oder das englische „Sand-Eidechse". Einst war die Zauneidechse fast allgegenwärtig und entlang von Säumen, Hecken und selbst auf Zäunen regelmäßig zu sehen. In der Wahl ihrer Lebensräume ist sie anspruchslos. Etwas lockerer und gut zu grabender Boden für die Eiablage, eine nicht völlig geschlossene Krautschicht, Sonnenplätze wie ein Baumstumpf oder etwas Gestrüpp und ein paar Sträucher oder Bäume als Deckung und Überhitzungsschutz genügen ihr zum Leben. Normalerweise gibt es die Zauneidechse fast überall in Deutschland – doch selbst ihre bescheidenen Ansprüche reichen für das Überleben dieser Art nicht aus: Mit dem Verschwinden von Säumen an Waldrändern und unbefestigten Wegen, von Heckenlandschaften und Ackerrainen verschwindet auch die Zauneidechse aus vielen Gebieten. Heute sind die Insektenfresser insbesondere an Waldrändern und auf Lichtungen, auf Halbtrockenrasen und Heiden, in Dünen und auf Felskuppen zu finden.

Die gut 20 Zentimeter lange Eidechse ist mit ihrer braunen Grundfarbe, die mit abwechslungsreichen hellen Mustern durchsetzt ist, gut getarnt. Zur Paarungszeit sind die Flanken der Männchen leuchtend grün. Da die weißen Linien und Punkte auf dem Rücken zeitlebens erhalten bleiben, können deren Muster – gleich einem Fingerdruck – zur lebenslangen individuellen Wiedererkennung der Tiere dienen.

Die Zauneidechse hat eine ganz besondere Fähigkeit: die sogenannte „Schwanzautonomie". Dabei handelt es sich um einen tierischen Überlebenstrick: Versucht ein Raubtier, die Eidechse zu schnappen, kann diese ihren Schwanz abwerfen. Dafür gibt es vorgebildete Sollbruchstellen im Skelett sowie im Binde- und Muskelgewebe. Der abgeworfene Schwanz windet und schlängelt sich noch eine ganze Zeit lang heftig und wird daher mit etwas Glück als Beute ergriffen. Der Schwanzbesitzer ist derweil längst entwischt und lässt sich ein neues Anhängsel wachsen.

Angesichts der Zerstörung ihrer Lebensräume hilft der Zauneidechse kein Trick. Ihre Biotope sind oft so unspektakulär, dass es dem Menschen kaum auffällt, wenn sie unter die Räder kommen. Der Eidechse würde es helfen, wenn zum Beispiel ihre Lebensräume nicht aufgeforstet würden oder Versteckmöglichkeiten wie Baumstubben, Totholz- oder Steinhaufen liegengelassen würden. Außerdem sollten unbeschattete Offenbodenstellen als Eiablageplatz geschaffen werden. Bei der Heidepflege wäre es wichtig, Flächen nur bei Frost, während der Winterruhe der Tiere, zu brennen. Wer die flinken Eidechsen in der prallen Mittagssonne über Sand und Stubben huschen sieht, der hat etwas richtig gemacht – indem er einfach die Natur in Ruhe gelassen hat.

# Blindschleiche

## Anguis fragilis

Der Name der Blindschleiche ist ebenso irreführend wie ihr Anblick: Das Reptil kann sehen. Auch ist es keine Schlange, sondern eine Eidechse ohne Gliedmaßen. Wer ihre Augen genau beobachtet, bemerkt den Unterschied: Im Gegensatz zu Schlangen, deren Augen lidlos sind, können Blindschleichen ihre Augenlider schließen und blinzeln. Ihr Name wird heute auf das Althochdeutsche „Plintslicho" zurückgeführt, was „blinkender Schleicher" bedeutet und sich auf die glattschimmernde Schuppenhaut beziehen dürfte.

Die bis zu einem halben Meter langen Blindschleichen zeigen verschiedene Grau- und Braunfärbungen. Manche glänzen wie Kupfer, Silber oder Bronze. Ein Teil der Tiere ist metallisch zeichnungslos, andere weisen einen dunklen Streifen auf der Rückenmitte auf. Manche haben blaue Punkte oder Flecken. Blindschleichen bringen ihren Nachwuchs lebend zur Welt. Bemerkenswert ist auch, dass sie ein Alter von 40 bis 50 Jahren erreichen können. Blindschleichen ernähren sich bevorzugt von Nacktschnecken und Regenwürmern, weswegen es sich lohnt, ihnen im Garten einen Unterschlupf einzurichten.

Bei Gefahr werden sie „stinkig": Zur Abschreckung von Fressfeinden scheiden Blindschleichen oft Harn und Kot ab. Die nächste Eskalationsstufe besteht im eidechsen-ähnlichen Abwerfen eines Schwanzstücks, das den Angreifer vom eigentlichen Ziel ablenken soll. Anders als bei Eidechsen wachsen den „zerbrechlichen Schlangen", wie ihr wissenschaftlicher Name „Anguis fragilis" lautet, diese Stücke allerdings nicht wieder nach. Diese Taktik scheint relativ oft zur Anwendung zu kommen: Der Anblick von Tieren, denen ein Teil des Schwanzes fehlt, ist eher die Regel als die Ausnahme.

Man findet die Tiere häufig in Mooren, an Waldrändern und auf Waldlichtungen. Intensive Land- und Forstwirtschaft, in der „unordentliche" Bereiche mit Verstecken nicht geduldet werden, sowie die Mahd von Gras-Stauden-Randstreifen und Wiesen, besonders mit Kreiselmähern, ist Gift für Blindschleichen-Populationen.

Hinzu kommt, dass die Tiere eine fatale Vorliebe haben, die oft tödlich endet: Sie aalen sich gerne in der Sonne und legen sich auch noch in der Abenddämmerung auf Wege, um Wärme zu tanken. Dabei fallen viele Blindschleichen dem Fahrzeugverkehr zum Opfer – oft werden sie sogar von Radfahrern nicht rechtzeitig erkannt und überrollt. Auch deshalb lohnt es sich, nicht bedenkenlos über jedes „Stöckchen" zu fahren, das auf dem Weg liegt.

# Schlingnatter

## Coronella austriaca

Die Schlingnatter ist die seltenste Schlangenart Niedersachsens. Ihr Name verrät, dass sie sich bei der Jagd auf Kleintiere nicht auf Gift, sondern auf ihre athletischen Fähigkeiten verlässt. Die Schlingnatter gehört zu den Würgeschlangen. Während sie kleinere Beutetiere manchmal lebend schluckt, umschlingt die bis zu 70 Zentimeter lange „kleine Boa" größere Beute mit ihrem Körper. Sie erstickt sie mit reiner Muskelkraft. Bei der Auswahl der Beute ist sie nicht wählerisch: Auch junge Artgenossen werden nicht verschmäht.

Es liegt aber nicht am „Gelegenheits-Kannibalismus", dass die lebendgebärende Schlange rar ist. Wie viele andere Arten leidet sie darunter, dass ihre bevorzugten Lebensräume verschwinden: strukturreiche Habitate vor allem in Heidelandschaften, trockenen Hochmooren oder an Waldrändern. Die von intensiver Land- und Forstwirtschaft und der Torfindustrie verursachten Landschaftsveränderungen sind die Hauptursachen für den Rückgang der Schlingnatter und tragen zur weiteren Isolation und Vernichtung von Populationen bei. Die Nachnutzung ehemaliger Moore fordert ihren Tribut. In Niedersachsen wurden weit mehr als 90 Prozent der Hochmoore zerstört; mehr als 99 Prozent der ursprünglich vorhandenen Heideflächen sind verschwunden.

Die grau-braune Schlingnatter wird oft mit der Kreuzotter verwechselt – besonders, wenn sie in Bewegung ist. Dann sehen die Flecken-Reihen auf dem Rücken der Schlingnatter der Zickzack-Zeichnung der Otter zum Verwechseln ähnlich. Unterscheiden lassen sich die beiden Schlangen durch einen Blick in ihre Augen. Die Schlingnatter hat runde Pupillen, die Kreuzotter als Viper senkrecht geschlitzte Pupillen. Nicht zu empfehlen ist die Artbestimmung durch den Bisstest: Wird eine Schlange in die Enge getrieben, rollt sie sich zusammen und richtet den Oberkörper auf. Aus dieser Position kann sie sehr schnell zubeißen. Hinterlässt dieser Biss auf der menschlichen Hand lediglich ein paar Kratzer, war es eine Schlingnatter. Schwillt die Haut nach dem Schlangenbiss rund um die Wunde stark an und schmerzt, hat man mit einer Kreuzotter Bekanntschaft gemacht.

In monotonen Nutzlandschaften ist für die Schlingnatter kein Platz. Selbst gut gemeinte Hilfsversuche können sich als kontraproduktiv erweisen – etwa bei unsachgemäßen Renaturierungsversuchen in Mooren, wenn bei der Wiedervernässung Torfdämme und -kanten aus gewachsenem Moorboden abgetragen werden: So werden auch die Lieblingsplätze der Natter vernichtet. Den Schlangen hilft, wer auch mal nichts tut – zum Beispiel, indem er Waldsäume und Wegränder unangetastet lässt.

# Kreuzotter

## Vipera berus

Wenn die Religion ins Spiel kommt, kann es schon mal unsachlich zugehen. Ein Beispiel dafür ist die Kreuzotter, deren Benennung von der christlichen Bilderwelt inspiriert wurde: Es gehört schon einige Fantasie dazu, ihr durchlaufendes Zickzackband auf dem ansonsten hellgrauen bis kupferfarbenen Rücken als Kreuze zu bezeichnen. Oder gar schwarze Exemplare als „Höllenotter" zu betiteln. Die Zeichnung erinnert eigentlich eher an eine grobe Naht.

Die Kreuzotter gehört zu den Vipern. Sie ist diejenige aus ihrer Familie, die es am weitesten bis in nördliche Breiten geschafft hat. Hier überlebt sie dank eines halbjährigen Winter-schlafs die Kälte und ist ansonsten eine ausgesprochene Sonnenanbeterin. Die 50 bis 70 Zentimeter langen Reptilien lieben freie Flächen in Wald, Moor und Heide. Hier baden die wechselwarmen Tiere im Licht und kommen so auf ihre „Betriebstemperatur", die bei 30 bis 33 Grad liegt. So aufgeheizt lauern sie auf Beute wie Eidechsen, Frösche oder Mäuse, die sie mit einem Giftbiss attackieren. Die erwachsenen Schlangen spezialisieren sich dabei auf die verschiedenen Beutetiere ihrer Umgebung. Die Jungschlangen ernähren sich noch fast ausschließlich von jungen Braunfröschen und Eidechsen, weshalb diese Arten eine zentrale Rolle bei der Verbreitung der Kreuzotter spielen. Nach dem Biss schafft es das Opfer nicht mehr weit. Die Kreuzotter verfolgt es und verschlingt es in einem Stück.

Als einzige Giftschlange unserer Region wurde die Kreuzotter vom Menschen als böse Schlange verteufelt. Wer von ihr gebissen wird, hat es aber entweder darauf angelegt oder hatte einfach Pech. Denn die Schlangen beißen Menschen nur, wenn sie nicht rechtzeitig in ein Versteck flüchten konnten, wenn man auf sie tritt oder etwa durch Anfassen zum Äußersten provoziert. Kinder und ältere Menschen können durch einen Kreuzotterbiss in ernsthafte Gefahr geraten. Um einen gesunden Erwachsenen zu töten, müssten schon fünf Ottern gleichzeitig zubeißen. Beim Herunterschlingen der Beute im Stück hätten sie allerdings ein Problem. Deshalb lassen Kreuzottern beim Biss gegen Menschen das Gift manchmal ganz aus dem Spiel: Es lohnt sich einfach nicht.

# Birkhuhn

## Tetrao tetrix

Die prachtvollen Birkhähne waren einst die Charaktervögel der Lüneburger Heide. Die Hähne sind bunt, auffällig und mitteilsam, die Birkhennen hingegen schlichtbraun in der Farbe, vorsichtig und scheu. Noch vor rund 60 Jahren gab es über 4.000 dieser faszinierenden Tiere allein in Niedersachsen. Ab Anfang der 70er-Jahre gingen die Bestandszahlen in ganz Deutschland rapide nach unten. In den meisten bekannten Vorkommensgebieten in Deutschland verschwanden die Rauhfußhühner bald völlig. Mitte der 80er-Jahre des letzten Jahrhunderts hatten nur noch in Süddeutschland in einigen Alpenregionen und in der Rhön einige Tiere überlebt. In Niedersachsen waren die Bestände auf rund 140 Vögel gesunken.

Die Jägerschaft des Landes Niedersachsen und das Institut der Deutschen Wildtierstiftung aus Ahnsen unternahmen große Anstrengungen, um diese Talfahrt zu stoppen und einen Wiederaufbau anzugehen. Der Versuch, Gehegetiere auszuwildern, scheiterte. Untersuchungen an den wenigen verbliebenen Tieren zeigten schnell, dass dieser besonderen Rauhfußhuhnart nur durch biotopverbessernde Maßnahmen geholfen werden kann. Heute ist man froh, dass wieder etwa 240 Vögel in fünf Teilpopulationen in der Lüneburger Heide leben. Obwohl alle Teilbereiche noch vernetzt sind, droht auf Dauer eine genetische Verarmung.

Die letzten Rückzugsgebiete in der Lüneburger Heide sind im Wesentlichen die Truppenübungs- und Schießplätze sowie der große Bereich der Zentralheide bei Wilsede. Hier sind in den Monaten März und April und teilweise bis Anfang Mai die Balzlaute der Birkhähne zu hören.

Kurz vor der Morgendämmerung fallen die Hähne auf ihren tradierten Balzplätzen ein, um mit ihrem Kullern und Zischen die Hennen zu beeindrucken. Der Paarung gegen Ende April folgt eine Brutzeit von etwa 28 Tagen. Die Nestflüchter folgen der Mutter zur Futtersuche. Die Küken haben nur eine Überlebenschance, wenn das Wetter mild ist und sie reichlich Insekten finden. Wie überall ist aber gerade Anfang Juni das Angebot oft sehr knapp. Weil viele Beutegreifer den Jung- und Altvögeln nachstellen, ist eine Vermehrung der Population auf so einem geringen Basiswert schwierig und gibt wenig Hoffnung für die Zukunft.

# Rebhuhn

## Perdix perdix

Das Rebhuhn ist ein Tiefflieger, der in der modernen Kulturlandschaft schwerlich zu Höhenflügen abheben wird. Der ursprüngliche Steppenvogel wurde notgedrungen zum Kulturfolger, der immer mehr Lebensraum einbüßen musste und heute auf der „Roten Liste" der gefährdeten Vogelarten steht.

Das ungefähr taubengroße Rebhuhn ist mit seinem braungrauen Gefieder ein Meister der Tarnung. Bei Gefahr verlässt sich der Vogel darauf und presst sich flach auf den Boden. Ansonsten bewegt sich das Rebhuhn schreitend vorwärts, es kann aber auch schnell laufen. Der Flug erfolgt meist extrem niedrig über dem Boden, wobei die Tiere längere Gleitstrecken einlegen.

Das Rebhuhn hat seit Anfang der 70er-Jahre drastische Bestandseinbußen erlitten. In optimalen Habitaten betrug die Siedlungsdichte früher noch bis zu 120 Paaren auf 100 Hektar. Heute werden auf den flurbereinigten, intensiv mit Großmaschinen bewirtschafteten Flächen noch Dichten von einem Brutpaar pro 100 Hektar erreicht. Daher ist das Rebhuhn in vielen Gegenden praktisch ausgestorben. Hauptursache ist die stetige Intensivierung und Technisierung der Landwirtschaft. Weitere Faktoren sind Verluste durch Witterung, Prädatoren und Straßenverkehr.

Zum Schutz des Rebhuhns würde eine Extensivierung in der Landwirtschaft beitragen, die kleinparzelligere Ackerflächen mit Feldrainen für ein ausreichendes Angebot an Nahrungspflanzen und Insekten schaffen würde. Das Rebhuhn ernährt sich überwiegend von Sämereien, Wildkräutern und Getreidekörnern. Manchmal nimmt es auch Insekten, deren Larven und anderes Kleingetier zu sich. Der Einsatz von Düngemitteln, Herbiziden und Insektiziden müsste deutlich eingeschränkt werden, um Wildkräutern und den an sie angepassten Wirbellosen wieder eine Überlebenschance zu geben. Auch eine Erhöhung des Brachflächenanteils käme dem Rebhuhn zugute; ebenso das zeitweilige Belassen von Stoppelfeldern, die heutzutage meist gleich nach der Ernte umgebrochen werden.

# Haubenlerche

## Galerida cristata

Ihre Haube aus aufstellbaren Federn kennzeichnet die sonst recht unscheinbar braungemusterten Vögel, die bis vor rund 40 Jahren zum alltäglichen Bild der heimischen Vogelwelt gehörten. Haubenlerchen sitzen sprichwörtlich auf einem absteigenden Ast: Sie sind in Niedersachsen vom Aussterben bedroht. Und das, obwohl sie sich eigentlich sehr anpassungsfähig verhalten und auch Areale besiedeln, die sonst nur für wenige Vogelarten attraktiv sind. Auf trockenem Grasland, Schuttplätzen, Randgebieten von Straßen oder Bahngleisen und sogar in Bereichen mit relativ viel menschlicher Störung wie Industriegebieten, Schulen und Sportplätzen fühlen sich Haubenlerchen wohl.

Haubenlerchen sind absolut standorttreu: Wo sie ankommen, möchten sie auch bleiben. Zur Paarung finden sie sich im Frühjahr zusammen. Ist ein Weibchen „unter der Haube", beginnt es mit dem Nestbau. Dazu baut es Mulden am Boden und polstert diese mit weichem Pflanzenmaterial sorgsam aus. Die Männchen schauen meist nur zu oder singen ihr helles melodisches Lied im blauen Frühlingshimmel. Auch wenn die Jungen ausgebrütet sind, halten sich die männlichen Haubenlerchen erst einmal vornehm zurück. Vielleicht wollen sie zunächst einmal prüfen, ob die Kinderstube auch die Versorgungsmühen wert ist. Vielleicht sparen sie nur ihre Kräfte für weitere Sangesleistungen auf. Man weiß es nicht genau, aber tatsächlich hilft das Männchen erst nach ein paar Tagen bei der Fütterung mit.

Der Speiseplan für Haubenlerchenkinder ist sehr ausgewogen: Alle Arten von Insekten werden gefüttert, angereichert mit etwas frischem Grün. Die erwachsenen Haubenlerchen ernähren sich je nach saisonalem Angebot: entweder vegetarisch von Pflanzenteilen, Samen und Beeren oder mit Insektenkost. Die Jungtiere werden schnell flügge, bereits nach 16 Tagen könnten sie autark leben. Wenn man sie denn lässt.

Trotz einer hohen Störungstoleranz kann man die hiesigen Bestände der Haubenlerche heute an einer Hand abzählen. Die Ursache liegt vermutlich im reduzierten Nahrungsangebot, diversen sogenannten „Pflegemaßnahmen" auf den Brutflächen und in der zusätzlichen Vernichtung der Gelege durch freilaufende Katzen und Hunde. Mittlerweile gibt es wichtige Initiativen zum Erhalt der Haubenlerche in der Heideregion. Hoffentlich sind sie von Erfolg gekrönt.

# Heidelerche

## Lullula arborea

Im Sommer erlebt man über der Heidelandschaft wahrhaft bühnenreife Aufführungen natürlicher Ouvertüren. Als nimmermüde gefiederte Sopranistin singt die Heidelerche ihr Lied. Dabei steigt sie hoch in den Himmel auf.

Ihr Gesang wurde bereits in früheren Zeiten gewürdigt, allerdings mit Sicherheit nicht zur Freude der Lerchen. Eingesperrt in kunstvollen Käfigen belustigten die Vögelchen im 18. und 19. Jahrhundert Gesellschaften des Adels. Ebenso labte man sich an der kleinen Vogelbrust. Sie galt dazumal als Delikatesse: Alte Rezepte aus französischen und deutschen Gefilden zeugen davon, dass man tatsächlich Lerchen in der Küche verarbeitete.

Als Zugvögel verbringen Heidelerchen den Winter zwar lieber im warmen Mittelmeerraum, doch spätestens im Frühling kehren sie in ihre Heimat zurück. Empfindlich reagieren die scheuen Vögel, die in Südeuropa immer noch bejagt werden, auf menschliche Störungen. So siedeln sich Heidelerchen bevorzugt in ruhigen Heidegebieten und auf extensiv genutzten Weiden an. Hier haben die Bodenbrüter eine gute Chance, das Überleben ihrer Jungen zu sichern. Die Heidelerche ist eine Leitart in den Heidegefilden. Dort wo Heidelerchen vorkommen, ist der typische Lebensraum intakt.

# Feldlerche

## Alauda arvensis

Am Sommerhimmel über offenen Landschaften ist sie der unumstrittene „Star" – und das, obwohl sie gar keiner ist. Mit 18 bis 19 Zentimetern ist die Feldlerche fast so groß wie ein Star, größer als die Heidelerche und schlanker als die Haubenlerche. Ihr Gefieder ist in verschiedenen Brauntönen gefärbt und mit schwarzbrauner Strichelung gezeichnet. So unscheinbar ihr Äußeres ist, so unüberhörbar dominant und einprägsam ist ihr Gesang. Er wird von den Männchen überwiegend im Sinkflug vorgetragen, seltener und dann kürzer vom Boden aus. Er ist lang und über drei bis fünfzehn Minuten anhaltend und besteht aus einer schnellen, ununterbrochenen Folge von abwechselnden und zum Teil rhythmisch wiederholten rollenden, trillernden oder zirpenden Tönen, in die gelegentlich Imitationen etwa von Turmfalken eingeflochten werden. Die unermüdlichen Männchen singen ab Ende Januar bis Mitte oder Ende Juli von der Morgendämmerung bis zum Abend. Weibchen singen ebenfalls, jedoch leise und am Boden.

Als Charaktervogel der Felder und häufigster Bodenbrüter ist die Feldlerche von der Praxis der modernen, hochintensivierten

Landwirtschaft unmittelbar betroffen. Sogenannte „Lerchenfenster" sollen den Vögeln Nischen in der Kulturlandschaft einräumen. Dabei werden kurze Streifen auf den Feldern bei der Aussaat von Raps oder Wintergetreide ausgelassen. Dort können die Lerchen ihre Nester anlegen. Zwei bis drei Bruten pro Jahr sind in diesen Streifen möglich. Auch andere Bodenbrüter profitieren von den „Lerchenfenstern".

Die Feldlerche ernährt sich recht vielseitig. Während im Winter überwiegend Pflanzenteile und Samen auf dem Speiseplan stehen, werden ab Mitte April Insekten, Spinnen, kleine Schnecken und Regenwürmer bevorzugt. Der steigende Einsatz von Umweltchemikalien und direkte Bejagung, wie etwa in Südwestfrankreich, stellen Gefahren für die Vögel dar. In Deutschland hat der Bestand stark abgenommen. Die ehemals extrem häufige Feldlerche rutschte auf die „Rote Liste". Die Erhaltung extensiv genutzter Weiden, Äcker und Brachflächen ist essenziell wichtig für den Schutz dieser Art.

# Neuntöter

## Lanius collurio

Schon sein Name sagt, dass er alles andere als ein harmloses Vögelchen ist: Er ist ein Räuber und wird als zank- und mordsüchtig, aber auch als mutig beschrieben. Jedes Frühjahr wartet man in der Heide schon gespannt auf den Langstreckenzieher, der von jenseits des Äquators zurück in seine Brutgebiete kommt. Häufig wird dieser bemerkenswerte Vogel aufgrund seiner kontrastreichen Farbe mit dem rotbraunen Rücken auch als „Rotrückenwürger" bezeichnet. Bei seiner räuberischen Lebensweise profitiert er von seinem leicht gebogenen Schnabel mit hakiger Spitze, die häufig auch als „Würgerzahn" bezeichnet wird.

Der Neuntöter jagt Insekten, Jungvögel, Kleinsäuger und kleine Wirbeltiere. Deren unverdauliche Reste scheidet er – so wie Eulen – in Form kleiner Speiballen wieder aus. Die trockenen Bündel enthalten Haare, Knochen, Federn und Chitinteile von Insekten. Charakteristisch für die kleinen Raubvögel ist allerdings ihre Vorratswirtschaft: Überschüssige Beute wird zum späteren Verzehr in kleinen Astgabeln oder an spitzen Dornen aufgespießt – ersatzweise auch gerne an Stacheldrähten. Ein grausig anmutendes, aber gut durchdachtes Konzept kluger Vorratshaltung.

Heute sind Neuntöter nur noch selten zu sehen und stehen auf der „Roten Liste" der vom Aussterben bedrohten Vogelarten weit oben. In Deutschland bevorzugen die Würger offene Landschaften mit einigen Bäumen oder Sträuchern. In den Heidelandschaften Niedersachsens mit ihren alten Kiefern und Wacholderbüschen findet der Neuntöter beste Brutmöglichkeiten. Ersatzweise wählt er offene Waldlichtungen und junge Laubholzkulturen. Im offenen Kulturland weicht er auch auf größere Obstgärten aus. Menschliche Siedlungen hingegen meidet er konsequent.

Am charakteristischen Flug mit schnellen Flügelschlägen kann man ihn von anderen Vögeln unterscheiden. Da er recht scheu ist, hält er oft größere Fluchtdistanzen ein. Wo er sich zeigt, ist die Landschaft noch nicht völlig zerstört. Er gilt somit als Indikator für gehölz- und insektenreiche Biotope.

# Nördlicher Raubwürger

## Lanius excubitor

Er sieht harmlos aus, doch ist der Raubwürger alles andere als das: Er ist ein hocheffizienter Jäger mit vermeintlich grausamen Gewohnheiten. Der langschwänzige Vogel mit deutlichen schwarzen und weißen Gefiederpartien ist vor allem ein Wartejäger, der von meist exponierten Höhen den Boden seiner Umgebung nach Nahrung absucht. Er weiß um seine Kraft: Selbst Beutetiere von seinem eigenen Gewicht kann er erlegen und davontragen.

Wenn er zuschlägt, geht es hart zur Sache: Seine Beutetiere – hauptsächlich Mäuse und kleine Vögel – werden durch kräftige Schnabelhiebe getötet, danach häufig auf Dornen aufgespießt oder in einer Astgabel eingeklemmt. Der Gattungsname „Lanius" ist lateinisch und bedeutet Fleischer. Im Englischen werden die Würger treffenderweise auch „Butcher-Birds", also „Schlachter-Vögel" genannt. Die deutsche Übersetzung des lateinischen „excubitor" ist Wächter und weist auf die Eigenschaft des Raubwürgers hin, seine Umgebung sehr sorgfältig zu beobachten und vor herannahenden, als Bedrohung empfundenen Eindringlingen zu warnen.

Die Bruthabitate des Raubwürgers bieten immer eine sehr gute Rundumsicht. Solche Strukturen findet der Raubwürger in halb offenen Landschaften mit locker stehenden Bäumen und Büschen, ebenso in Streuobstwiesen, Randgebieten von Mooren und großen strukturierten Heideflächen. Dort, wo man die interessanten Tiere beobachten kann, gibt es noch eine hochwertige und reichhaltige Landschaft.

# Bluthänfling

## Carduelis cannabina

Ihre Sangeskraft wurde vielen Bluthänflingen noch bis Mitte des 20. Jahrhunderts zum Verhängnis. Zigtausende der kleinen Vögel wurden jährlich gefangen und verbrachten ihr Leben eingesperrt in Volieren und Käfigen. Das Geschäft der Vogelhändler ist derzeit immer noch im Gange, zum Glück aber in sehr reduziertem Maße.

Der zur Familie der Finken gehörende Bluthänfling ist ein typischer Bewohner von Busch- und Heidelandschaften und tritt gern in Gruppen auf. Dort, wo er genügend Nahrung findet, kommt er erfreulich häufig vor. Er ernährt sich überwiegend von Samen und anderen Pflanzenteilen verschiedener Wildkräuter. Auch Raps gehört zur Nahrungsquelle. Der Artenschwund bei Insekten betrifft den Bluthänfling deswegen nicht.

Sein Name bezieht sich nicht etwa auf ein blutrünstiges Geheimnis, sondern schlichtweg auf die Rottönung des Gefieders der Männchen. Während die Weibchen eher unscheinbar braun gezeichnet sind, machen männliche Bluthänflinge nicht nur mit herrlichem Gesang, sondern auch mit ihrer roten Färbung auf Kopf, Rücken und Brust auf sich aufmerksam.

Die Nester, die in Büschen und auch häufig in Ginstern gebaut werden, behütet und bebrütet das Weibchen. Das Männchen kümmert sich um die Nahrungssuche und um die musikalische Untermalung der Szenerie. Ungewöhnlich ist, dass auch die Brut fast ausschließlich vegetarisch ernährt wird.

Legt ein Kuckuck sein Ei in ein Hänflingsnest muss das Kuckuckskind also mit hoher Wahrscheinlichkeit verhungern.

# Braunkehlchen

## *Saxicola rubetra*

Braunkehlchen fliegen sehr weit, um in subtropischen Gefilden Afrikas zu überwintern. Doch zur Brutzeit zieht es sie im April in die europäische Heimat zurück. Zum Glück auch nach Niedersachsen, wo sie in dünn besiedelten Heide- und Moorbiotopen beste Brutbedingungen vorfinden.

Als Nistplatz wählt das Braunkehlchen eine Kraut- oder Zwergstrauchschicht, die ausreichend Deckung bietet. Die Nester werden im hohen Gras oder inmitten der Heide in einer Bodenmulde versteckt. Als Nahrung für die Jungen dienen Insekten, Larven, Würmer, Schnecken, Spinnen und Beeren.

Zum Überleben braucht das Braunkehlchen natürliche, störungsfreie und strukturierte Flächen und Feuchtwiesen. Daher dienen Naturschutzprojekte zum Erhalt von Heide- und Feuchtgebieten gleichzeitig dem Erhalt der seltenen Vögel.

In der Lüneburger Heide kann man Braunkehlchen in halboffenen Wiesen und Heidelandschaften beobachten, wo sie öfters auf Halmen und den Ästen von Sträuchern sitzen.

Die filigranen Sänger verdienen Aufmerksamkeit. Doch wünscht man ihnen keineswegs die Beachtung dadurch, dass sie auf fast allen Listen bedrohter Arten in Mitteleuropa verzeichnet sind.

# Schwarzkehlchen

## Saxicola rubicola

Der putzige, quirlige Sänger ist relativ selten zu sehen. Das Männchen erkennt man leicht an seinem schwarzen Kopf und einem weißen Halsring. Brust und Bauch sind orangerot gefärbt. Das Weibchen weist ähnliche, aber deutlich blassere Farbtöne auf.

In einigen norddeutschen Bundesländern ist das Schwarzkehlchen als „gefährdet" oder sogar „stark gefährdet" eingestuft. Es bevorzugt offene Flächen mit flächendeckender, niedriger Vegetation, einzelne Büsche und kleine Bäumchen, wie sie vor allem in den Heide- und Moorgebieten Niedersachsens zu finden sind. Dorthin kehren die Schwarzkehlchen oft in erfreulich hoher Dichte aus ihrem Winterquartier in Süd- und Westeuropa zurück.

In der Zeit von März bis August werden in der Regel zwei Bruten großgezogen. Dazu wird ein Nest vertieft am Boden aus Gras, Halmen, Moos und Wurzeln gebaut und zusätzlich mit Federn, Haaren und Moos weich ausgepolstert. Obwohl die Schwarzkehlchen sich mühen, ihre Nester gut zu verstecken, werden die Gelege oft von Räubern wie Igeln, Mardern und Füchsen geplündert. Neben langanhaltenden Regenperioden bedrohen leider auch freilaufende Hunde und Katzen den Fortbestand der kleinen Vögel.

Das Biotop der Schwarzkehlchen zu erkennen und zu schützen, heißt gleichzeitig, vielen anderen bedrohten Arten zu helfen. Der Lebensraumanspruch der Schwarzkehlchen deckt sich mit anderen selten gewordenen Arten wie Braunkehlchen oder Rotrückenwürger. Lebensräume vernetzen, um vorhandene Strukturen zu verbessern, muss eines der wichtigsten Ziele für den Erhalt der Vogelvielfalt bleiben.

# Wiedehopf

## Upupa epops

Ein Gaukler der Lüfte ist der Wiedehopf. Charakteristisch sein wellenförmiger, schmetterlingsartig schaukelnder Flug, bei dem die breiten, tief gefingerten Flügel nach jedem Schlag fast ganz angelegt werden. Auf mehrere kräftig durchgezogene Flügelschläge erfolgen einige kurze, flatternde, sodass der Flug instabil und ungleichmäßig erscheint. Dazu passt das farbenfrohe Outfit des drosselgroßen rostbraunen Vogels, der erheblich größer wirkt. Auffällig sind die kontrastreich schwarz-weiß gebänderten Flügel mit gelben Einsprengseln, der lange, gebogene Schnabel und die aufrichtbare Federhaube, deren Enden in einem weiß-schwarzen Abschluss auslaufen. Der Schwanz schimmert schwarz mit einer breiten, weißen Binde und einer weißen Zeichnung auf dem Bürzel.

Der Wiedehopf mag wärmeexponierte, trockene Gebiete mit kurzer und spärlicher Vegetation, in denen Bäume nicht zu dicht stehen. Auch sehr lichte Kiefernwälder sowie ausgedehnte Lichtungsinseln in geschlossenen Baumbeständen dienen gelegentlich als Brutgebiet. Der Vogel ernährt sich fast ausschließlich von Insekten, die er überwiegend am Boden erbeutet. In der Erde verborgenen Opfern setzt der Wiedehopf besonders hartnäckig zu: So werden die Stocherlöcher oft erweitert, indem der Vogel mit in den Boden gestecktem Schnabel mehrmals im Kreis läuft. Durch das so entstehende Loch passt auch die dickste Maulwurfsgrille.

Der Wiedehopf ist ein Höhlenbrüter. Wenn ihr Zuhause bedroht wird, reagieren Wiedehopfküken unwirsch. Die Nestlinge spritzen als Abwehrreaktion ihren Kot aus der Höhle. Auch wenn sie gegriffen werden, koten Wiedehopfe intensiv. Besonders wirkungsvoll scheint das Absondern eines sehr übel riechenden Sekretes aus der Bürzeldrüse zu sein. Während der Brutzeit ist die Drüse beim Weibchen besonders entwickelt, ebenso bei den Nestlingen. Beide geben in regelmäßigen Abständen das stinkende Sekret ab, in Erregungssituationen möglicherweise verstärkt. Von dieser „chemischen Waffe" rührt der strenge Geruch her, der üblicherweise von Wiedehopfbrutstätten ausgeht.

Neben klimatischen Faktoren wie feuchtkühler Witterung macht dem Wiedehopf vor allem die Intensivierung der Landwirtschaft zu schaffen. Hoher Pestizideinsatz und der Verlust von extensiv genutzten Wiesen und Weiden, die in Ackerland umgewandelt werden, zählen zu den wesentlichen Gefährdungsfaktoren. Geeignete Bruthöhlen gehen durch das Fällen alter Obstbaumbestände und Feldgehölze verloren. Wer dem Wiedehopf helfen möchte, der fördert und erhält reich strukturierte Wiesengebiete und Brachflächen. Dann werden auch kommende Generationen das erleben können, was der Dichter Joseph von Eichendorff in „Aus dem Leben eines Taugenichts" beschrieb: „Wenn der Hoppevogel schreit, ist der Tag nicht mehr weit."

# Rauchschwalbe

## Hirundo rustica

Scheinbar schwerelos schweben sie in der kleinsten Brise, gaukeln im warmen Sommerwind, zirpen und zwitschern mit hohen Stimmen, fliegen engste Kurven, bleiben in der Luft stehen, um dann ohne erkennbare Kraftanstrengung mit atemberaubendem Tempo durchzustarten. Schwalben sind Vögel des Sommers, weltreisende Hochleistungsathleten und Symbole für die Leichtigkeit des Seins. Die Rauchschwalbe ist die bekannteste einheimische Schwalbenart und erlebt seit Jahren trotz aller Sympathie, die ihr entgegengebracht wird, einen schleichenden Bestandsrückgang. Als Kulturfolger brütet sie meist in Gebäuden und ist daher auf menschliche Toleranz angewiesen. Doch diese endet dort, wo es ums Geld geht: Die moderne Landwirtschaft ist dabei, die Lebensgrundlagen der Schwalben wegzuspritzen.

Lange Schwanzspieße, kastanienrotes Gesicht, dunkelblaue Oberseite und dunkelbraunes Brustband auf weißlicher Unterseite kennzeichnen die Rauchschwalbe. Die Vögel leben vor allem im ländlichen Raum, wo sie in Ställen und Scheunen ihre Nester bauen. Zur Nahrungssuche sind sie auf eine offene Landschaft mit Feldern und Wiesen angewiesen. Dort fliegende Insekten erbeuten die Vögel mit teils akrobatischen Flugmanövern, bei denen sie bis zu 80 Stundenkilometer schnell werden.

Der Rauchschwalbe macht der zunehmende Nistplatz- und Nahrungsverlust zu schaffen. Dörfliche Strukturen gehen verloren, kleinbäuerliche Betriebe geben auf. Hinzu kommt die Versiegelung der Landschaft, bei der sich besonders das Asphaltieren von Feldwegen negativ auswirkt, da hierdurch die für den Nestbau notwendigen Lehmpfützen fehlen. Extensive Formen der Landwirtschaft könnten den Vögeln helfen. Geringerer Biozid- und Düngemitteleinsatz sowie der Erhalt von Brachflächen wirken sich positiv auf den Insektenreichtum aus – wovon Vögel wie die Rauchschwalbe profitieren.

Jeder weiß, dass eine Schwalbe noch keinen Sommer macht – aber einen Sommer ohne Schwalben mag sich wohl niemand vorstellen.

# Steinschmätzer

## Oenanthe oenanthe

Der Familienname Schmätzer bezieht sich auf die schmatzenden Lautäußerungen der Vögel. Leider hört und sieht man die markanten Flieger aber immer seltener.

Männliche Steinschmätzer lassen sich relativ leicht an ihrem kontrastreichen Prachtkleid erkennen: Gleich dem alten Haudegen Zorro schmückt sie eine eindrucksvolle Kopfmaske. Der schwarze Augenstreif ist ein wichtiges Locksignal für die deutlich schlichter gefärbten Weibchen, die zur Brutzeit auf der Suche nach einem manneskräftigen Gefährten sind. Hat man sich zur Saisonehe zusammengefunden, wird gemeinsam am Nestbau in bodennahem, eher steinigem Umfeld gearbeitet. Die Aufzucht der Brut ist allerdings schwierig. Zahlreiche Fressfeinde wie Wiesel, Greifvögel und Füchse lauern auf frische Beute – auch um ihre eigenen Jungen zu versorgen. Besonders bei Füchsen, die sich extrem stark vermehren, hilft daher jagdliche Dezimierung den Steinschmätzern und vielen anderen Bodenbrütern langfristig zu überleben.

Steinschmätzer fressen hauptsächlich Insekten, dazu Spinnen, Schnecken und Regenwürmer, im Herbst auch reife Beeren. Die Zugvögel, die den Winter in Afrika verbringen, sind von Frühjahr bis Herbst recht zahlreich in großen, geschützten Heidelandschaften zu finden. Ansonsten sind Steinschmätzer im gesamten deutschen Raum sehr selten: Die Art gilt als vom Aussterben bedroht.

# Ziegenmelker

## Caprimulgus europaeus

So heimlichtuerisch wie der Ziegenmelker ist wohl kaum ein Tier der Heide. Nicht ohne Grund nennt man ihn auch Nachtschwalbe, denn erst mit Einbruch der Dämmerung wird er aktiv und startet zur Jagd. Den Tag verbringt der Ziegenmelker ruhend am Boden, auf Baumstümpfen oder auch auf Ästen – dort immer in Längsrichtung. Durch sein braunschwarz gemustertes Gefieder ist er so perfekt getarnt, dass er regelrecht mit der Umgebung verschmilzt. Bei Störungen verharrt der Ziegenmelker lange regungslos. Erst wenn sich ein Störenfried bis auf wenige Meter nähert, fliegt er schnell auf und davon.

Der Ziegenmelker bewohnt trockene, wärmebegünstigte, offene Landschaften wie Heiden, Moore, lichte, sandige Kiefernwälder mit großen Freiflächen und Kahlschläge mit einem ausreichenden Angebot an Nachtfluginsekten. Hier erklingt im Dunkeln sein schnurrender Ruf. Den Beuteinsekten sollte das eine Warnung sein, denn der Ziegenmelker ist ein hervorragender Jäger. Wie man es auch von Schwalben kennt, wechselt sich ein wendungsreicher Suchflug mit schnellem Jagdflug ab. Hat er die Beute im Visier, reißt er seinen tief gespaltenen Schnabel wie einen Fangkescher auf. Der Schnabelrand ist zusätzlich mit schräg abstehenden Borsten bestückt, so dass das Opfer kaum entkommen kann.

Dass der Vogel seinen Schnabel so weit aufreißen kann, hat Menschen vor langer Zeit zu der Annahme verleitet, dass der Ziegenmelker nachts Ställe aufsucht, um an den Eutern von Ziegen oder Kühen zu saugen. Diese Mär begründet den ungewöhnlichen Namen. In Wirklichkeit sind es die rund ums Vieh schwirrenden Insekten, die den Räuber bei Nacht in die Stallungen locken.

Den Winter verbringt der Ziegenmelker in den warmen Gefilden Südostafrikas. In seiner Sommerresidenz macht ihm zunehmend die Zerstörung seines kargen Lebensraums und der Einsatz von Pestiziden zu schaffen. Der Erhalt von Heideflächen und der Schutz der Brutreviere vor menschlicher Störung sind wichtige Maßnahmen für die Zukunft der seltenen Vögel.

# Baumfalke

## Falco subbuteo

Der Luftraum ist sein Element. Der Baumfalke geht mit rasantem Tempo und äußerst wendigen Flugmanövern auf Beutefang. Bei Insekten fackelt er nicht lange. Selbst große Libellen und dicke Käfer werden mit Hilfe der Krallen blitzschnell gepackt und direkt im Flug verzehrt.

Besonders lohnende Ziele sind aber Vögel. Konnte der relativ kleine Falke einen solchen erlegen, reicht das schon fast als Mahlzeit für den Tag. Unerfahrene Jungvögel sind leichte Beute, aber auch Schnellflieger wie Schwalben und Mauersegler sollten sich nicht in Sicherheit wiegen. Mit bis zu 200 Stundenkilometern stürzt sich der Meisterjäger auf die Objekte seiner Begierde. Eine direkte Kollision vermeidet er dabei tunlichst, da diese aufgrund der Aufprallkraft auch für ihn tödlich enden könnte. Daher überfliegt er seine Opfer vorerst, fügt ihnen aber – mit der Kraft scharfer Krallen – schwere Verletzungen zu. Schnell dreht der Baumfalke danach um, pflückt sich den angeschlagenen Beutevogel aus der Luft und tötet ihn mit einem gezielten Biss in den Nacken.

Solch große Stücke kann auch ein Baumfalke nicht im Flug verzehren. Am Boden oder auf einem Ast wird die Nahrung in Ruhe zerlegt. Im Fachjargon nennt man das „kröpfen".

Mit etwa 35 Zentimetern Körperlänge sind Baumfalken ungefähr so groß wie Turmfalken.

Doch Baumfalken haben „die Hosen an". Über nackten gelben Waden tragen sie wie Knickerbocker ein rost-rot gefiedertes Beinkleid. Daran sind sie recht leicht zu erkennen.

Ihren Nestbau gestalten sie – ganz typisch für Falken – recht stressfrei. Baumfalken nutzen verlassene Kinderstuben von Krähenvögeln. Hier ziehen die selten gewordenen Jagdflieger hoffentlich noch viele Generationen groß.

# Turmfalke

## Falco tinnunculus

Er ist einer, der mit der Urbanisierung kein Problem hat. Türme müssen es nicht unbedingt sein, doch eine gewisse Höhe und gut zugängliche Nischen oder Nistkästen sollten die Gebäude aufweisen. Nur dann kommen sie für den weit über Europa verbreiteten kleinen Falken als Brutstätte in Frage. In der freien Natur nutzt der Turmfalke Felsnischen oder verlassene Nester von Elstern, Krähen, Reihern oder anderen Greifvögeln am Waldesrand.

Für den Bau seiner Nistplätze verschwendet er keinerlei zusätzliche Mühe. Die Eier werden einfach an geeigneter Stelle abgelegt, notfalls auch auf nacktem Stein. Im Brutgeschäft gibt es eine klare Arbeitsteilung zwischen den lebenslang verbundenen Falkeneltern: Während das Weibchen rund 30 Tage brütet, sorgt das Männchen für Nahrung und verteidigt das Revier gegen lästige Artgenossen. Nach dem Schlupf werden die Jungen gemeinsam für weitere etwa 30 Tage versorgt, bis sie selbstständig jagen können und sich eigene Reviere erobern. Für die Falkeneltern folgt eine weiterhin kräftezehrende Zeit: Bis zu 130 Tage dauert die Mauser. Dabei wird – wie bei Greifvögeln üblich – nach und nach das gesamte Gefieder ausgetauscht.

Der Turmfalke meidet dichte Wälder. Er jagt bevorzugt über offenem Gelände mit niedriger Vegetation. Dort ist er häufig im für ihn charakteristischen Rüttelflug zu beobachten. Während er wie festgenagelt in der Luft zu stehen scheint, hält er nach seiner Lieblingsbeute Ausschau: Anders als andere Falken hat er es vor allem auf Mäuse, andere kleine Nager und Großinsekten abgesehen. Nur im Notfall stehen Vögel auf dem Speiseplan. Die Beutetiere werden mit den hochspezialisierten Falkenaugen punktgenau anvisiert und durch rasanten Sturzflug überrascht. Vor dem Zugriff des pfeilschnellen Jägers gibt es kaum ein Entrinnen.

# Wald 70

# Aus Prinzip: Nachhaltige Forstwirtschaft

Nachhaltigkeit in der Forstwirtschaft bedeutet, nur so viel Holz zu nutzen, wie nachwächst. So zu arbeiten heißt, dass Förster effizient, energie- und ressourcenschonend vorgehen und durch ihre Nutzung die vitalen und stabilen Wälder von morgen formen. Der ursprünglich aus dem Waldbau stammende Begriff Nachhaltigkeit wird mittlerweile für viele Lebensbereiche verwendet.

Hans Carl von Carlowitz (1645-1714) war kurfürstlich-sächsischer Kammerrat und Oberberghauptmann. Er prägte als Erster den Begriff der Nachhaltigkeit. Der Begriff mit entsprechendem Verhalten war die forstwirtschaftliche Antwort auf die verheerende Übernutzung der Wälder im Jahr 1713. In seinem Werk „Sylvicultura oeconomica" wurde der Begriff Nachhaltigkeit erstmals erwähnt. Das Verständnis der deutschen Forstleute, seither aus Tradition vorausschauend zu handeln, war die Antwort auf lokale und globale Herausforderungen an die multifunktionale Waldwirtschaft von heute. Damit war der Grundstein für die deutsche Forstwirtschaft und das Prinzip des nachhaltigen Umgangs mit Rohstoffen gelegt. Seitdem verstehen sich die Förster als Hüter der Nachhaltigkeit. Forstwirtschaft heute ist eine beispielhafte, moderne Art der Nutzung mit dauerhaftem Ressourcen-Erhalt und wird von der Gesellschaft allgemein als Maxime für das Arbeiten mit Rohstoffen angesehen. Die Nachhaltigkeit ist ein übergeordnetes Ziel in allen Bereichen auf lokaler, nationaler und globaler Ebene geworden. Man spricht vom „Dreieck der Nachhaltigkeit": Der heutige Begriff ist umfassend und beinhaltet die ökonomische, die soziale und die ökologische Nachhaltigkeit.

Die Bewahrung der Vielfalt der Schöpfung mit den natürlichen Lebensgrundlagen für aktuelle und kommende Generationen bietet dann gleiche Chancen, Wohlstand, Bildung und Kultur für alle. Eine leistungsfähige Wirtschaft, die nachfolgenden Generationen keine Probleme hinterlässt, ist die einzig richtige Antwort auf alles menschliche Tun. Auch die Bewahrung des geistigen Erbes, der Mythen und Traditionen; der schöpferischen, moralischen und künstlerischen Errungenschaften des Menschen, gehören zu einem umfassenden Nachhaltigkeitsbegriff.

Bei allen Prozessen, die im Wald ablaufen, darf nie der Blick auf die weitreichende Vernetzung der gesamten Umwelt außer Acht gelassen werden. Die ökologisch ausgerichtete Forstwirtschaft hat nicht nur die Gestaltung des Waldes, sondern auch die möglichst vielfältige Bereitstellung der Lebensgrundlagen aller darin lebenden Tiere und Pflanzen in Einklang zu bringen. Neue wissenschaftliche Erkenntnisse über die dauerhafte Leistungsfähigkeit der Waldböden helfen bei der Gestaltung der nachwachsenden Waldgenerationen ebenso, wie die Kenntnis der Abhängigkeit von Klimaentwicklung und Nutzung durch die Summe aller Lebewesen im Wald und dessen Umfeld.

Nachhaltiges Handeln ist die einzig mögliche Antwort auf die Frage nach einer lebenswerten Sicherung unserer Zukunft.

# Naturnaher Wald

Urwald – den gibt es heute in Deutschland nicht mehr. Im Lauf der Jahrhunderte hat der Mensch jeden Quadratmeter Land bewusst oder unbewusst verändert. Auch unser Wald, der einst als Inbegriff des Ursprünglichen, Wilden, Unberührten fungierte, ist längst von Menschen gemacht.

Urwälder oder Primärwälder sind die natürlichsten Waldökosysteme. Sie sind nach Definition der Vereinten Nationen Waldgebiete, die eine natürliche Vegetation aufweisen, ohne sichtbaren menschlichen Einfluss sind und deren natürliche Dynamik ungestört verläuft. Dieser Definition können auch wiederhergestellte Wälder genügen. Damit Urwald wieder entstehen kann, müssen Wälder in Ruhe gelassen werden. Absolut. Die Wildnis von heute ist der Urwald von morgen. Naturwälder repräsentieren derzeit die wichtigsten Standorte natürlicher Waldgesellschaften Niedersachsens. Sie bleiben ihrer eigendynamischen Entwicklung ohne jede Nutzung überlassen. Ihre Fläche ist vergleichsweise winzig: Sie umfasst etwa 4.400 Hektar inklusive der Naturwälder im Nationalpark Harz. Anders als Landschafts- und Naturschutzgebiete dürfen derartige Wildnis-Gebiete überhaupt nicht mehr wirtschaftlich genutzt werden. In ihnen geht es darum, die Artenvielfalt zu schützen: Dort darf Natur so sein, wie sie ist – einfach so.

„Die Stämme aber, die da modern zu Hunderten und Tausenden, einzeln und in Haufen übereinandergeworfen, mit Moos, Flechten und dichtem Heidelbeer- und Erikagestrüpp überwuchert und von Myriaden von Pflanzenwurzeln wie mit unlöslichen Stricken verbunden, die künden dir eine kaum entschwundene Zeit, wo der Urwald in all seiner Pracht und tiefdüsteren Majestät über den Häuptern der Menschenwürmer rauschte, deren Fuß diese stille Einöde betrat. Noch kannst du ihn sehen, lieber Leser, freilich nur beschränkte Strecken, aber doch Urwald, und eine Idee kannst du dir machen, wie's hier einst auf viele Qua-

dratmeilen weit aussah ..." – so beschrieb der Dichter Karel Klostermann 1890 das Verschwinden der letzten Urwälder im Bayerischen Wald. Was er nicht ahnen konnte: Heute gibt es wieder Waldflächen, wo wir urwaldähnliche Zustände aus Eigendynamik für die Zukunft sich entwickeln lassen.

Die Idee „Die Natur Natur sein zu lassen", lässt über lange Zeiträume die Baumarten zurückkehren, die seit alters her hier gedeihen können. Vielfältige Organismen helfen hierbei mit. Die Welt der Käfer ist ebenfalls in Bewegung geraten: Einst verschollene, auf vermoderndes Holz spezialisierte Arten sind plötzlich wieder häufig anzutreffen. Die natürlichen Umweltkräfte und die ungestörte Dynamik der Lebensgemeinschaften gewährleisten diese Entwicklung. So entstehen Wälder ohne lenkende Eingriffe des Menschen. Naturereignisse wie Windwurf und Schneebruch sind zusammen mit Insekten- und Pilzbefall wesentliche Faktoren einer natürlichen Waldentwicklung. Wohin das führt? Das weiß niemand – auf jeden Fall nicht der Mensch. Diese auch zutiefst romantische Idee hat etwas Liebenswertes. Doch es wäre weltfremd, wenn man in der Welt der Menschen, in der wir nun einmal leben, komplett die Hände in den Schoß legen und flächendeckend eine Welt ohne Menschen schaffen wollte. Auch hier muss wie so oft ein Kompromiss das Beste sein: So viel Mensch wie nötig, so viel Natur wie möglich.

# Totholz

Alte Bäume und totes Holz sind wichtige Bestandteile des Ökosystems Wald. Totholz ist die Lebensgrundlage tausender Arten von Tieren, höheren Pflanzen, Pilzen, Moosen und Flechten. Rund 20 Prozent der Tiere und Pflanzen des Waldes, also über 6.000 Arten, sind auf Totholz als Lebensraum und Nahrungsquelle angewiesen, darunter über 1.200 Käfer, 2.500 höhere Pilze und viele Vögel. Ein Mangel an Alt- und Totholz bedroht deshalb die biologische Vielfalt und beeinträchtigt die Regulationsmechanismen im Ökosystem Wald.

Brutvögel finden Nistgelegenheiten in den Höhlen alter Baumstämme. Spechte zimmern jährlich viele Höhlen in alte Bäume. Wenn solche Habitatbäume fehlen, finden die Höhlenbrüter keine geeignete Kinderstube für ihren Nachwuchs. Viele weitere Tier- und Pflanzenarten, wie etwa der imposante Hirschkäfer oder die empfindliche Lungenflechte, leben von und auf alten, absterbenden Bäumen.

Im Mulm dieser Bäume entwickeln sich spezialisierte Insektenlarven, was wiederum für Vögel und andere Insektenfresser eine gefüllte Vorratskammer bedeutet. Die im Holz vorhandenen Nährstoffe sind auch eine Nahrungsquelle für Rindenpilze. Im Leben dieser und einer Unzahl weiterer Organismen erfüllen Totholz und alte Bäume verschiedene wichtige Funktionen. Auch in intensiv genutzten Wäldern sollte Totholz im Dienst der Artenvielfalt integriert sein. Besonders interessant sind Altholzinseln, in denen sich die verschiedenen Alters- und Zerfallsphasen des Waldes widerspiegeln. Naturwaldreservate und Altholzinseln fördern nicht nur die Biodiversität, sie sind auch eine ästhetische Bereicherung der Waldlandschaften und ermöglichen dem Menschen ein intensives Naturerlebnis.

# Kiefer

## Pinus sylvestris

Sie wachsen, wo sonst nichts wächst. Ihre Samen erobern selbst toten weißen Sand. Die Kiefernwälder, die im Zuge der Heideaufforstung vor rund 100 Jahren gepflanzt wurden, prägen heute das Bild der Lüneburger Heide. Wegen ihrer Anspruchslosigkeit ist die Kiefer weltweit eine der wichtigsten Baumarten der Forstwirtschaft. Meist genügsam und gutwüchsig, wird sie oft für die effektive Wiederaufforstung nach Waldzerstörungen und Rodungen verwendet. Hierdurch entstanden vor Jahrzehnten riesige Monokulturen. Diese Reinbestände sind zwar einfach zu bewirtschaften, aber in jungen Jahren sehr anfällig für Waldbrände und Insektenbefall. Mittelfristig führen sie auch zur Auslaugung und Versauerung der Böden. Seit rund einem Vierteljahrhundert versucht man daher, durch Voranbauten und Beimischungen anderer Holzarten diese Strukturen aufzulockern und somit ökologisch stabilere Wälder zu schaffen.

Kiefernholz wird vielfältig als Bau- und Möbelholz für den Innenbereich sowie als Brennholz genutzt. Die Bäume dienen zudem zur Harz- und Pechgewinnung. Aus dem stark harzhaltigen Splintholz, das Kiefern um Verletzungen herum bilden, gewann man früher Kienspan als Anzündmittel für Feuer.

Gerade in der niederschlagsarmen Lüneburger Heide ist und bleibt die Kiefer der „Brotbaum" für die Zukunft. Typisch ist ihr aromatischer Geruch, das Knistern der aufbrechenden Zapfen in der Frühjahrshitze. Besonders knorrige alte, vom Wind zerzauste Exemplare prägen als Solitäre die weitläufige Heidelandschaft.

# Lärche

## Larix decidua

Licht und Sonne sind ihr Lebenselixier, an den Wurzeln sind sie wenig anspruchsvoll. Lärchen kommen auch mit nährstoffarmen Böden zurecht. Man schätzt, dass Lärchen bereits seit 60 Millionen Jahren auf der Erde vorkommen. Anhand fossiler Funde ließ sich die Ausbreitung der Bäume in Europa vor rund einer Million Jahren nachweisen. An lichten Stellen der Heidewälder ragen sie heute kerzengerade bis zu 40 Meter in die Höhe und können – sofern man sie denn lässt – ein imposantes Alter von über 600 Jahren erreichen.

Als einziges heimisches Nadelgehölz trennen sich Lärchen im Herbst von ihren dann goldgelben „Blättern" und sehen kahl dem kommenden Winter entgegen. Doch bereits im zeitigen Frühjahr kündigen Lärchen mit zauberhaften, hellgrünen Nadeln die nahende wärmere Jahreszeit an. Sie bilden gleichzeitig männliche und weibliche Zapfen aus. Letztere werden durch Windbestäubung befruchtet.

Wegen ihrer geraden, schlanken Form und der schweren, harten Qualität des Holzes sind sie für die Holzwirtschaft von besonderer Bedeutung. Lärchenholz eignet sich hervorragend als Bauholz. Ein Nachteil bei der Verarbeitung ist der hohe Harzfluss, der eine gute Trocknung im Vorfeld notwendig macht. Zu früheren Zeiten, als Dachstühle noch in harter Handarbeit gerichtet wurden, verwendeten Zimmerleute in der Heide daher lieber die deutlich leichtere Kiefer.

# Fichte

## Picea abies

Die Gemeine Fichte wird wegen ihrer schuppigen, rotbraunen Rinde fälschlich auch als Rottanne bezeichnet. Sie erreicht Wuchshöhen von 60 Metern und gehört zu den Flachwurzlern. Daher ist sie meist extrem windwurfgefährdet und leidet häufig unter Trockenheit. Fichten sind zwar generell anspruchslos hinsichtlich der Nährstoffversorgung, brauchen aber feuchte und zugleich gut durchlüftete Böden. Daher sind sie nur in wenigen Teilen der Heide als Wirtschaftsbaum geeignet.

Als einhäusige Bäume bilden sie weibliche und männliche Blütenorgane getrennt voneinander an einem Baum. Die männlichen Blüten sind sehr auffallend dunkelrosa gefärbt. Die weiblichen, zunächst grünen Zapfen stehen anfangs aufrecht, krümmen sich jedoch nach der Befruchtung nach unten und färben sich langsam braun.

Fichten zählen auf der Nordhalbkugel zu den wichtigsten forstwirtschaftlich genutzten Baumarten, meist in künstlich geschaffenen Reinbeständen. Ihr Holz wird vor allem zur Papier- und Zellstoffherstellung, als Bau- und Möbelholz sowie als Brennmaterial genutzt. Die bekannteste Nutzung ist wohl – alle Jahre wieder – die als Weihnachtsbaum.

# Birke

## Betula alba

Im germanischen und im slawischen Volksglauben spielte die Birke eine große Rolle. Sie war der Göttin Freya geweiht. Aus dieser Zeit stammt auch der Brauch, einen Maibaum auf dem Dorfplatz aufzustellen. Der Name kommt aus dem indogermanischen Wortstamm und bedeutet so viel wie „schimmernd, glänzend". Ihre hellgrünen Blätter zeigen sich oft schon Anfang April und verzaubern damit die noch so kahle Landschaft.

Birken wachsen sehr schnell. Die ausgewachsenen Gehölze werden bis zu 30 Meter hoch. Schnelles Wachstum bedeutet auch ein schnelleres Lebensende. Selten wird eine Birke über 150 Jahre alt. Birken gehören zu den Pioniergehölzen, die sich schnell auf freien Flächen ansiedeln, denn sie haben nur geringe Ansprüche an Boden und Klima. Sie verbessern die Bodenbeschaffenheit und bereiten so die Ansiedlung der „Zukunftsbäume" vor. Dazu gehören unter anderem Eichen und Buchen.

Auch in der Vogelwelt übernimmt sie wichtige Aufgaben. Hier gibt es viele Abhängigkeiten: Birkenzeisig und Birkhuhn benötigen die Knospen und Samen als Winternahrung. Wildwiederkäuer laben sich gerne an den jungen Trieben, was sicherlich auch auf die heilsamen Wirkstoffe der Birke zurückgeführt werden kann. Der Baum selbst ist Lebensraum für zahlreiche Pilze, Flechten und Moose sowie für Insekten und Säugetiere.

Das Anzapfen der Bäume dient zur Gewinnung von Birkensaft für kosmetische und medizinische Zwecke. Vornehmlich im 20. Jahrhundert wurde Birkensaft zur Herstellung von Haarwasser verwendet. Der Saft kann äußerlich angewendet oder sogar direkt getrunken werden und wirkt blutreinigend und harntreibend sowie gegen Ekzeme, Durchfall und Husten.

# Eiche

## Quercus

Sturmfest und erdverwachsen – nicht nur für Niedersachsen ist die Eiche ein Sinnbild für die unverwüstliche Kraft der Natur. In alten Religionen, Mythen und Sagen ist die Eiche ein heiliger Baum, ein Symbol für Unsterblichkeit. Wegen der religiösen Bedeutung hielten die Germanen unter Eichen wie auch unter Linden Gericht. Man sagt, dass Eichen 300 Jahre lang wachsen, 300 Jahre lang stehen und 300 Jahre lang vergehen. Zudem wächst die Eiche an fast allen Standorten und bringt es dabei zu wahrhaft stattlichen Ausmaßen oder zu besonders interessanten, knorrigen Einzelexemplaren, denen man die vielen Jahrhunderte auf ihrem krummen Buckel deutlich ansieht.

Die Eichen sind sogenannte Lichtbaumarten. Sie benötigen im Wachstum viel Sonne und bilden selbst auch offene, lichte Kronen aus.

Wenn man über die Qualität von Hölzern spricht, ist die Eiche immer vorn dabei. Gerade das verkernte Holz der Eiche ist sehr dauerhaft. Besonders wertvoll ist Mooreichenholz. Dabei handelt es sich um Eichenstämme, die über Jahrhunderte in Mooren und Sümpfen gelegen haben. Gerbsäure und Eisensalze verfärbten ihr Holz dunkel und machten es steinhart.

Die Nützlichkeit der Eiche schätzte man auch in früheren Zeiten auf vielfältige Weise: So wurden aus der glatten Rinde junger Bäume Gerbstoffe für die Lohgerberei gewonnen. Auch trieb man Schweine im Herbst zur sogenannten Eichelmast unter die Bäume. Den Menschen dienten die Früchte der Bäume als Nahrung – besonders in Hungerzeiten. Durch geschickte Zubereitung lässt sich so einiges aus den bitteren Eicheln zaubern. Bis heute wird Wein traditionell in alten Eichenfässern gelagert, wo er zu einem besonders edlen Tropfen heranreifen kann.

Die wesentlichste Bedeutung haben die starken Bäume für die Natur selbst: Keine andere Baumart spendet Lebensraum für eine solch große Vielfalt an Lebewesen. Von den Wurzeln bis zur letzten Astspitze tummeln sich Untermieter wie verschiedene Pilze, hunderte Arten Käfer und Schmetterlinge bis hin zu nest- oder höhlenbrütenden Vögeln. Man schätzt, dass ein Baum bis zu 1.000 verschiedenen Arten ein Zuhause bietet, etwa 500 davon sind auf Eichen spezialisiert.

# Rotbuche

## Fagus sylvatica

Die Rotbuche ist einer der faszinierendsten Bäume überhaupt. Ihr zartes Grün im Frühjahr beim Blattaustrieb, ihre schattenspendenden Zweige im Hochsommer und die Bucheckern im Spätherbst kennt wohl jeder, der in der Natur unterwegs ist. Sie ist ein in weiten Teilen Europas heimischer Laubbaum, der in der Umgangssprache gewöhnlich als Buche bezeichnet wird. Die Buche gilt als „die Mutter" unter den Waldbäumen. Der Namensteil Rot bezieht sich dabei auf die leicht rötliche Färbung des Holzes. Rotbuchenreiche Laubmischwälder sind die potenzielle natürliche Vegetation großer Teile Mitteleuropas. Im Wald stehend wächst die Buche bedrängt durch andere Bäume meist schlank, und die unteren Äste sterben wegen Lichtmangel früh ab. Bei alten Rotbuchen wird die Rinde am Stammfuß gröber und rissig, aber im Gegensatz zu den meisten anderen Baumarten bleibt sie am Hauptstamm bis ins hohe Alter dünn und glatt.

Nach einem trockenen, heißen Jahr gibt es oft eine reichliche Bucheckernernte. Solche sogenannten Mastjahre gehören zur Überlebensstrategie von Buchen. Der Baum wirft viel mehr Früchte ab, als die Wildtiere fressen können. So verbleiben viel mehr Bucheckern als sonst übrig, die dann im Frühling keimen. Auch Eichelhäher, Eichhörnchen und Mäuse unterstützen die Kinderstube der Buche, indem sie Bucheckerdepots als Wintervorräte anlegen, aber vergessen, diese im Winter zu räumen. Mastjahre stellen für die Bäume eine starke Belastung dar, da ein Baum etwa zwei Drittel des Jahresgewinns an assimiliertem Zucker zur Bucheckern-Produktion verbraucht; daher werden nach einem solchen Jahr in deutlich geringerem Umfang Bucheckern ausgebildet, selbst wenn die klimatischen Voraussetzungen gut sind.

Verschiedene Arten von Spechten bauen ihre Nisthöhlen in Rotbuchen. In Mitteleuropa sind dies vor allem Buntspecht, Grauspecht und Schwarzspecht, die wiederum Nachmietern wie Baummardern oder Vogelarten Unterschlupf bieten können.

Die Rotbuche ist in der Jugend relativ schatten-tolerant und zählt daher zu den Schattenbaumarten. Im Alter benötigt sie jedoch mehr Licht. In der Forstwirtschaft verjüngt man Buchenbestände im Schutz der Altbäume. Für den Erfolg einer solchen gezielten Verjüngung ist die richtige Dosierung des Lichteinfalls entscheidend. Bei zu starker Öffnung droht den Keimlingen Frostgefahr sowie starke Behinderung durch andere Pflanzen. Zu wenig Licht dagegen lässt die Keimlinge verkümmern oder verkrüppeln.

# Heidelbeere

## Vaccinium myrtillus

Ihre zarten Blättchen sind wahre Frühlingsboten. Sobald die Sonne den Boden des Waldes erwärmt, erwacht das Heidelbeerkraut zu neuem Leben. Es untermalt, soweit das Auge reicht, flächendeckend die lichten Kiefernwälder mit leuchtend hellgrünem Schein. Bald schon zeigen sich auch die ersten Blüten: zarte, kleine Glöckchen, die perlengleich schimmern.

Heidelbeeren sind aus der Heideregion gar nicht wegzudenken. Allein schon durch ihre botanische Verwandtschaft. Die Heidelbeere gehört zur Familie der Heidekrautgewächse (Ericaceae). Kaum eine andere Pflanze hat so viele Beinamen: Schwarzbeere, Mollbeere, Wildbeere, Waldbeere, Bickbeere, Zeckbeere, Moosbeere sind nur einige davon. Der bekannteste ist Blaubeere und dieser trifft es wohl auch am besten. Von dunklem Blau sind die Früchte. Wer wilde Blaubeeren pflückt und genießt, wird es sogleich an Fingern und Zähnen sehen. Doch diese kleine Widrigkeit sollte man in Kauf nehmen, denn natürlich vorkommende Heidelbeeren sind eine Delikatesse. Die viel diskutierte Gefahr des Fuchsbandwurms halten Wissenschaftler inzwischen für sehr gering. Wer auf Nummer sicher gehen will, wäscht die Früchte vor dem Verzehr oder kocht sie ein.

Nicht nur für den Menschen ist die Heidelbeere ein Leckerbissen: Viele Tiere ernähren sich von ihren Blättern und Beeren. Zugleich finden insbesondere Insekten im krautigen Biotop ihren Lebensraum.

Heidelbeeren vermehren sich in erster Linie über Ausläufer. So kann eine Mutterpflanze bis zu 1.000 Quadratmeter besiedeln. Um Nährstoffe optimal aufnehmen zu können, geht die Heidelbeere oft eine Symbiose mit einem Mykorrhiza-Pilz ein. Dieser umschließt die Wurzeln der Heidelbeere und unterstützt die Pflanze beim Zugang zu lebenswichtigen Mineralien. Im Gegenzug stärkt sich der Pilz an der Heidelbeere. Beide könnten zwar getrennt voneinander existieren, effektiver ist jedoch das Zusammenspiel.

# Preiselbeere

## Vaccinium vitis-idaea

Die Preiselbeere ist die rote Schwester der Heidelbeere. Die botanisch verwandten Pflanzen vertragen sich gut: Man findet Preiselbeerbestände oft inmitten großer Heidelbeer-areale. Besonders im Winter kann man sie gut unterscheiden, denn als immergrünes Gewächs wirft die Preiselbeere ihre Blätter nicht ab. Ihr dunkles Laub übersteht die frostigen Nächte des Winters. Auch ihre leuchtend roten Früchte bleiben lange erhalten und dienen Vögeln bis tief in die Wintermonate als vitaminreiche Nahrung.

Wie auch die Heidelbeere bevorzugt die Preiselbeere saure, kalkarme Böden, sonnige oder auch halbschattige Standorte in den Wäldern und schätzen die Symbiose mit Wurzelpilzen.

Reh-, Rot- und Schwarzwild mögen die bittersauren Früchte der Preiselbeere nicht. Vielleicht ahnen sie, wie gut Preisel-beeren zum Wildbraten schmecken. Ein wenig Mühe kostet es schon, die kleinen roten Perlen zu pflücken. Doch kurz mit etwas Zucker aufgekocht ergeben sie eine perfekte kulinarische Ergänzung zu Fleischgerichten oder zu Rohmilchkäse.

# Farne

## Polypodiopsida

Dass Dinosaurier unter ihnen wandelten, ist lange her. Farne sind wahrlich uralte Pflanzen. Vor über 300 Millionen Jahren bildeten sie noch mächtige hochstämmige Wälder. Ihre Überreste sind bis heute als Teil der Steinkohlevorkommen nutzbar geblieben.

Die heutigen Farne sind wesentlich kleiner, doch sie gehören zu den reizvollsten Gestalten der Wälder. Obgleich sie keine Blüten hervorbringen, untermalen sie feingliedrig und in verschiedenen Grüntönen die Wälder und Sumpfgebiete in der Heide. Auf halbschattigen Plätzen und relativ feuchten, humusreichen Böden fühlen sie sich besonders wohl. In der Heide sind besonders Adler- und Wurmfarn verbreitet. Der Adlerfarn kann in den Wäldern geradezu vegetationsbestimmend auftreten: Bis zu drei Meter hoch strebt er manchmal – ein Rekordwuchs, mit dem er alle anderen heimischen Farne übertrifft.

Mit dem ersten Frost vergehen sie: Braun, verdorrt und wie tot liegen nun die einst grünen Farnwedel am Boden. Doch mit der ersten Frühlingswärme gelangt neues Leben in die Pflanze: Erweckt von der noch tiefstehenden Sonne streben neue Blattstengel auf, die hellgrün im Schein des Gegenlichts leuchten. Die jungen Farnwedel sind zuerst wie ein Bischofsstab eingerollt: eine Folge des anfänglich stärkeren Wachstums der Blattunterseite.

Im Unterschied zu den Blütenpflanzen nutzen Farne blütenstaubähnliche Sporen zur Fortpflanzung. Jeder Wedel besitzt auf der Unterseite seiner Blätter unzählige kleinste Sporenkapseln. Verbreitet werden sie durch den Wind. Jede der Sporen besitzt großes Potenzial, enthält sie doch sowohl weibliche als auch männliche Anlagen. Fällt die mikroskopisch kleine Spore auf geeigneten Untergrund, entwickelt sich ein Vorkeim. Dieser befruchtet sich sozusagen selbst und lässt – wenn alles gut geht – eine neue Farnpflanze entstehen.

Auch wenn sie schon lange nicht mehr die Größe von Dinosauriern haben: Den Schutz der Farne schätzen viele Insekten und Säugetiere in Wald und Moor. Auch lässt sich vermuten, dass Farnpflanzen durch ihre kluge, über hundert Millionen Jahre erprobte Anpassungsstrategie im Stande sind, die Menschen lange zu überleben.

# Moose

## Sphagnum

Sie sehen aus wie weiche Kissen, die zum Hinsetzen einladen. Wer sich darauf niederlässt, merkt schnell: Moose sind durchaus kein trockener Ruhepol, sondern eine äußerst feuchte Angelegenheit. Die dicken grünen Polster speichern Wasser wie ein Schwamm.

Moose kommen im Heidewald und in den angrenzenden Feuchtgebieten überaus vielfältig vor. All die Arten zu erfassen, ist eine Wissenschaft für sich. Leichter ist es, das Vorkommen der grünen Protagonisten zu bestimmen: Man findet sie quasi überall und das ist auch gut so. Sind sie doch seit Jahrtausenden ein wichtiger Baustein im Ökosystem. Moose fungieren als Wasserspeicher und -filter. Nicht nur zum Eigennutz können sie ein Mehrfaches ihres Eigengewichts an Flüssigkeit aufnehmen. Sie geben das lebensspendende Nass wohldosiert auch an den Waldboden ab. Zudem bieten Moose Lebensraum für unzählige Kleinstlebewesen. Dazu gehören besonders Insekten, Spinnen und Reptilien. Auch Vögel nutzen trockenes Moos gerne für ihren Nestbau.

Einen wirksamen Verdunstungsschutz haben Moose nicht. Fehlt die Bewässerung, trocknen sie allmählich aus und gehen in einen Zustand ruhenden Wartens über. Die Stoffwechseltätigkeit läuft erst wieder an, wenn die Pflänzchen durch Regen, Tau oder Nebel befeuchtet werden. Diese Anpassungsfähigkeit ist ein Vorteil, besonders beim Besiedeln von bodenfernen Standorten. So vermögen Moose auch auf Unterlagen zu gedeihen, die von Haus aus kein Wasser zur Verfügung stellen. Man findet sie folgerichtig auch auf Steinen oder Baumstämmen – überall dort, wohin Niederschlagswasser gelangt. Auf dem Erdboden behaupten sich Moose auch an sehr licht- und nährstoffarmen Stellen.

Es lohnt sich genau hinzuschauen, denn in unmittelbarer Nachbarschaft gedeihen vielfältige Arten. Sie bilden grüne Teppiche aus verschiedensten Blattformen, selten höher als eine Handbreit. Die größte einheimische Moosart, das Goldene Frauenhaar, bauscht sich gelegentlich höher auf. Dass die Moose nur so geringe Wuchshöhen erreichen, hat damit zu tun, dass ihr Wasserhaushalt von der Feuchtigkeit der Umgebung abhängt. Wasserleitungssysteme, wie sie bei Blütenpflanzen und Farnpflanzen existieren, fehlen bei Moosen entweder gänzlich oder sie sind so wenig leistungsfähig, dass sie das Wasser nur in geringe Höhen transportieren können. Auch blühen Moose nicht im klassischen Sinne. Sie erzeugen Fruchtstengel mit kleinen Sporenkapseln und samen sich so in der unmittelbaren Umgebung aus.

Das vielfältige Vorkommen von Moosen ist ein wichtiges Indiz für ein intaktes Ökosystem im Wald. Kurz gefasst bedeutet das: Ohne Moos nichts los.

# Waldweiden-röschen

## Epilobium angustifolium

Seinem Namen nach klingt das rosa- bis purpurfarben blühende Waldweidenröschen zerbrechlich und verletzlich, doch ist es eine äußerst robuste Pionierpflanze. Auch mit einem klassischen Röschen hat das Nachtkerzengewächs nichts gemein.

Es wächst dort, wo es floralen Lebensraum zu erobern gilt. Die kalkmeidende, lichtliebende Pflanze gedeiht auf frischen, nährstoffreichen Böden. Insbesondere nach Kahlschlägen oder Waldbränden breitet es sich nicht nur in deutschen Landen sehr schnell aus. Der englische Name „Fireweed" (Feuerkraut) leitet sich davon ab. In Kanada verziert das Waldweidenröschen sogar das Wappen des Yukon-Territoriums.

Das Waldweidenröschen ist außer in frisch durchforsteten Heidewäldern auch an Ufern, Gleisböschungen, Wegrändern und im Brachland zu finden. Seine Vermehrung erfolgt durch unterirdische Verzweigungen und Samen. Die sich schnell ausbreitenden Wurzeln, sogenannte Rhizome, fungieren als Basis für neue Triebe und zugleich als wichtige Bodenfestiger auf den eroberten Flächen.

Von Juli bis August bereichert das nun bis auf 160 Zentimeter hochgewachsene Waldweidenröschen mit seinen lila Blüten die Landschaft. Bienen und andere Insekten ernähren sich vom Nektar und bestäuben die Pflanzen in dieser Zeit. Ende August zeigen sich die Ergebnisse ihrer Arbeit: An langen, federartigen Schirmen fliegen die Samen im Sommerwind dahin. Pro Pflanze werden Hunderttausende dieser Flugkünstler produziert, die in einer Entfernung von bis zu 10 Kilometern auf geeigneten Flächen ihre neue Heimat finden.

Damit nicht genug: Auch als Heilpflanze erfüllt das Waldweidenröschen eine Mission. Bei der Wundversorgung, zur Behandlung von Durchfallerkrankungen und gutartiger Prostataleiden kann es wertvolle Dienste leisten.

# Fingerhut

## Digitalis

Wunderschön erblüht der Fingerhut im Sommer in Weiß, zartem Rosa oder in Lila. Besonders Hummeln tauchen gerne in die Blüten dieser giftigen Schönheit ein. Es gilt dem Fingerhut mit Respekt zu begegnen: Die allseits vorkommende Pflanze gehört zu den besonders toxischen Vertretern der heimischen Flora. So schön sie auch aussehen – alle Teile des Fingerhuts sollten mit äußerster Vorsicht behandelt werden. Schon der Verzehr von zwei bis drei Blättern kann für einen Menschen tödlich sein. Doch Giftigkeit ist immer auch eine Frage der Dosierung: Die in allen Pflanzenteilen enthaltenen Glykoside werden als hochwirksame Arzneimittel geschätzt und angewendet. Digitalis ist bis heute das wohl bekannteste Herzmittel überhaupt. In der richtigen Dosis stärkt es den Herzmuskel und reguliert die Herzfrequenz.

Um den menschlichen Herzschlag kümmert sich die Pflanze nicht - um Kahlschläge im Wald hingegen schon. Zusammen mit Arten wie dem Weidenröschen bildet der Fingerhut die typischen Schlagfluren an Waldrändern, an Waldwegen und auf Lichtungen. Bevorzugt werden kalkarme, leicht saure Böden. Fingerhut ist eine zweijährige Pflanze, die im ersten Lebensjahr lediglich eine große Blattrosette ausbildet. Im zweiten Jahr wachsen daraus ein bis anderthalb Meter hohe Stängel hervor, an dem sich von Juni bis August zahlreiche Blüten zeigen.

Im Kreislauf des Lebens im Wald hat der Fingerhut als Pionier seinen festen Platz. Auf Windwurfflächen findet man ihn so lange in großer Menge, bis Gehölze der natürlichen Verjüngung oder aus menschlicher Pflanzung das Licht wieder einschränken. Waldbauern und Forstleute stört der Fingerhut nicht. Im Gegenteil: Er ist ein wichtiger Helfer. Dient er doch dem Boden als Schutz vor Austrocknung und Erosion und zur Humusauflage für kommende Waldgenerationen.

# Pilze

## Fungi

Sie sind oft unsichtbar und doch allgegenwärtig: Pilze sind von unschätzbarer und allumfassender Bedeutung für die Natur. Sie bilden zwischen Pflanzen und Tieren ein eigenes Reich. Müssten sich die Wissenschaftler entscheiden, würden sie Pilze erstaunlicherweise eher der Tierwelt zuordnen. An der Entwicklungsgeschichte des Lebens auf der Erde waren die vielfältig vorkommenden Organsimen schon sehr früh beteiligt. Bis heute tragen sie mit ihrem Artenreichtum substanziell zur biologischen Vielfalt bei und spielen beim Ab- und Umbau organischer Substanzen auf verschiedene Weise eine wichtige Rolle.

Die gleichermaßen hilfreiche und unliebsame Wirkung von Hefe- und Schimmelpilzen ist allseits bekannt: Wir schätzen sie zur Herstellung von Backwaren, Käse und Bier. Im Wohnraum mögen wir sie aber nicht. In der freien Natur und besonders im Wald sind diese Pilze und weitere Arten dafür verantwortlich, dass tote tierische und pflanzliche Substanz in den Kreislauf des Lebens zurückgeführt wird. Eine wichtige Aufgabe: Pilze bauen besonders kranke oder absterbende Bäume sinnvoll ab und verbessern mit dem daraus entstehenden Humus und verschiedenen Mineralien die Bodenqualität für künftige Waldgenerationen. Und sie helfen der Tierwelt: Beispielsweise hat sich der Zunderschwamm auf Buchen und Birken spezialisiert. Dessen Vorarbeit macht es Spechten leicht, Höhlen zu bauen und diese für Nachnutzer zur Verfügung zu stellen.

Viele Pilzarten des Waldes leben in Symbiose mit Pflanzen zusammen. Dazu gehören alle ungiftigen und giftigen Arten wie zum Beispiel Steinpilze, Pfifferlinge, Maronen, Fliegen- und Knollenblätterpilze. Sie entwickeln ein als Mykorrhiza-Geflecht bezeichnetes Feinwurzelsystem, das sich eng an die Wurzeln ihrer pflanzlichen Partner anlegt. Hier läuft ein ausgeklügeltes Tauschgeschäft der Natur ab: Als Lieferant von Mineralstoffen wie Phosphor und Stickstoff machen sich Pilze bei den Pflanzen des Waldes beliebt. Dafür erhalten sie aus Photosynthese gewonnene, kohlenhydratreiche Stoffe über die Pflanzenwurzeln als Gegengabe. Die Abhängigkeit geht so weit, dass die Pflanze verkümmert oder sogar abstirbt, wenn der Pilz als Partner fehlt. Werden Mykorrhiza-Geflechte durch Eintrag von Schadstoffen vernichtet, kann das weitreichende Konsequenzen für ganze Wälder haben.

Nicht nur der stoffliche Austausch ist ein Naturphänomen. Mehr und mehr gibt es faszinierende Erkenntnisse über die Bedeutung des weitverzweigten, unterirdischen Pilzgeflechts als Informationsnetzwerk im Wald. Der Begriff Wood-Wide-Web bringt es auf den Punkt: Mit Hilfe des natürlichen Meldesystems zu ihren Füßen warnen sich Bäume und kleinere Pflanzen vor der Invasion von Schädlingen oder Krankheiten und stellen sich mit ihren intelligenten, naturgegebenen Abwehrmechanismen darauf ein.

Was Pilzsucher im Herbst in ihren Körbchen sammeln, sind nicht etwa die Pilze selbst, sondern die Fruchtkörper eines unterirdischen, spinnwebenfeinen Wurzelwerks, das weit und tief in den Boden reicht. Ohne Pilze geht fast gar nichts in der Natur. Auch ist ihre fantastische Welt noch lange nicht vollständig erforscht. Mit Sicherheit wird man auch in Zukunft noch viele kleine und große Wunder des Pilz-Universums entdecken, die uns ins Staunen versetzen.

# Reh

## Capreolus capreolus

Nein: Es ist nicht das Kind vom Hirsch. Obwohl es biologisch zu den Trughirschen gezählt wird, ist das Reh näher mit dem Elch als mit dem Rothirsch verwandt. Auch sonst unterscheidet sich das Reh vom „König des Waldes“. Es ist eher ein „Schlüpfer des Waldrandes“. Es bellt schreckend dort, wo der Große röhrt und erweist sich als wählerischer Gourmet, wo der Hirsch nach dem Rasenmäherprinzip wegfuttert, was ihm vor die Nase kommt.

Rehe verstehen es meisterhaft, sich unbemerkt durch die Landschaft zu bewegen. Ihre verhältnismäßig kleine Gestalt und ihr keilförmiger Rumpf ermöglichen es, sich unauffällig durch dichtes Buschwerk zu schieben. Bei Gefahr springen sie nicht auf und davon, sondern „schlüpfen“ in die nächste Deckung und warten ab.

Rehe sind auf ihr Revier fixiert. Dabei ist es ihnen ziemlich egal, ob durch diese Heimat beispielsweise eine Straße führt. Da sie auf den „Feind“ Auto nicht vorbereitet sind, werden schätzungsweise rund 20 Prozent der jährlichen Rehwildstrecke von Autos „erlegt“.

Obwohl Rehe oft recht auffällig gefärbt sind – im Sommer reicht die Bandbreite von fuchsrot bis lackschwarz –, sind sie Phantome, von denen niemand weiß, wie viele es wirklich gibt.

Mit ihren Flecken sind Rehkitze perfekt getarnt. Sie werden in den ersten Lebenswochen von ihren Müttern zumeist in Wiesen abgelegt, wo sie geduldig auf die Rückkehr der Ricken warten. Da Kitze praktisch keinen Eigengeruch besitzen und sich bei Gefahr ganz still verhalten, müsste ein hungriger Fuchs schon auf „Bambi“ drauftreten, um es zu entdecken.

Diese Überlebensstrategie hat sich Hunderttausende von Jahren bewährt. Bis der Mensch mit immer größeren Maschinen die Wiesen mähte und dadurch nun massenhaft Kitze, Junghasen

und Jungvögel tötet. Man könnte viele dieser Tierkinder retten, wenn die Wiesen vor der Mahd abgesucht würden, Rehe rechtzeitig vergrämt und von innen nach außen gemäht würde. Dazu sind Landwirte eigentlich gesetzlich verpflichtet.

Rehe sind sehr wählerisch. Das bedeutet nicht, dass sie sich nur auf einige bestimmte Nahrungspflanzen beschränken. Vielmehr scheint es, als würden die Tiere wissen, was wann am besten schmeckt. Sie bedienen sich dabei an einem bunten Strauß aus Kräutern, Gräsern, Blättern und Knospen. Man bezeichnet Rehe als „Konzentratselektierer", da sie bevorzugt eiweißreiches Futter zu sich nehmen. Auf landwirtschaftlichen Flächen ist dies kein Problem. Anders sieht das im Wirtschaftswald aus. Hier sorgen Rehe durch Verbiss an jungen Baumarten wie Fichte, Buche, Tanne und Edellaubhölzern für gravierende Schäden. Auch vom sogenannten „Verfegen" junger Bäume, einem Imponiergehabe, bei dem einzelne Bäumchen mit dem Geweih entrindet werden, wird man Rehböcke kaum abhalten können. Hilfreich könnte hingegen eine wildgerechtere Waldwirtschaft sein, die ausreichende natürliche Äsung ermöglicht.

Traditionell bestehen optimale Rehhabitate aus einem abwechslungsreichen Mosaik von Dickungen, Althölzern, Wiesen sowie mit Sträuchern und Kräutern bewachsenen Schneisen und Wegrändern.

Mehr und mehr kommen Rehe auch in Gegenden vor, in denen Wälder und Feldgehölze selten sind oder sogar ganz fehlen – mitten auf freier Fläche. Die sogenannten Feldrehe haben sich an ein Leben auf weitläufigen Agrarlandschaften angepasst und sich mehr und mehr von ihrem natürlichen Verhalten verabschiedet: Bei Störungen flüchten sie nicht in die Deckung, sondern in die Distanz aufs offene Feld hinaus. Während „normale" Rehe meistens allein unterwegs sind, ziehen Feldrehe den Schutz der Herde vor. „Sprünge" nennt man die Rudel, die von 20 bis 100 Tiere stark sein können. Diese Entwicklung ist ein interessantes Beispiel für die Fähigkeit mancher Tierarten, fremde Lebensräume in relativ kurzer Zeit für sich zu erobern.

# Rotwild

## Cervus elaphus

Der Hirsch gilt gemeinhin als „König der Wälder". Dabei ist er an sich gar kein Waldbewohner. Und wie so mancher König neigt er dazu, sein Reich nicht nur zu regieren, sondern auch zu ruinieren. Seine Ernährungsgewohnheiten, zu denen das Schälen und Verbeißen von Bäumen gehören, führen dazu, dass er sich unbewusst – eben ganz natürlich – den Lebensraum schafft, der eigentlich zu ihm gehört: halboffene Landschaften. Doch aus denen hat ihn der Mensch längst vertrieben. Der Rothirsch ist ein König ohne Reich.

Das Rotwild ist Deutschlands größte Schalenwildart, wenn man von den wenigen Elchen in den östlichen Bundesländern absieht. Ein Huftier mit starken Beinen, guten Augen und ausgezeichnetem Gehör. Durch den Menschen und dessen Nachstellungen ist es fast überall zum reinen Wald- und Nachttier geworden.

Eigentlich ist er, den Jäger voller Respekt „den Geweihten" nennen, ein Tier des halboffenen Buschlandes, ähnlich der Savannenlandschaft. Rotwild lebt in Familienverbänden, die sich oft zu größeren Rudeln zusammenschließen. Als hochsoziales Säugetier ist es auf diese Lebensform angewiesen. Da große Vorkommen von Rotwildrudeln in unseren Wäldern zu starken Schäden führen können, werden sie in gesetzlichem Auftrag oft auf unnatürlich kleine Gruppen reduziert. In manchen Bundesländern darf Rotwild darüber hinaus seinen Lebensraum nicht mehr selbst suchen, sondern soll in gesetzlich festgelegten Regionen leben. Außerhalb dieser Territorien sind sie im Rahmen des Gesetzes sofort zu erlegen.

Nun sind die Tiere zwar relativ intelligent, aber des Lesens von Gesetzestexten nicht mächtig. Sie folgen ihrer Natur und lassen sich weder durch Erlasse noch Bejagung dauerhaft an vorgegebene Gebiete binden.

Die natürliche, großräumige Lebensweise des Rotwildes sollte von Landeigentümern und Jägern sowie jedem Naturnutzer gemeinsam nach ethischen Grundsätzen ermöglicht werden. Leben und Wohlbefinden dieser wundervollen Tierart ist in den Werten unserer Gesellschaft sowie unseren Gesetzen zwar tief verankert. Im täglichen Alltag sieht es bei vielen Naturnutzern allerdings anders aus.

Im zeitigen Frühjahr verlässt das weibliche Stück sein Rudel, um in ruhigen, störungsarmen Ecken der Landschaft sein Kalb zu setzen.

Normalerweise hat Rotwild nur ein Kalb, selten sieht man Zwillinge, wie es bei Rehwild normal ist. Das weibliche Wild bleibt das ganze Jahr unter sich. Junge ein- oder zweijährige Hirsche schließen sich häufig den weiblichen Rudeln an, um unter der Führung der erfahrenen älteren Tiere selbstständig zu werden. Die jungen Hirsche ziehen außer in der Hirschbrunft häufig in großen Gruppen gemeinsam zur Äsung. Alte Hirsche sind hingegen oft Einzelgänger, die nicht selten in Begleitung eines deutlich jüngeren Hirsches abseits des weiblichen Wildes ruhige und verschwiegene Tageseinstände suchen.

Die Jäger sprechen daher vom alten Hirsch oft mit Respekt als „Waldgespenst", das man selten oder niemals sieht. Nur in der Paarungszeit, der Hirschbrunft, wird der sonst so vorsichtige Hirsch auch schon bei gutem Tageslicht beim weiblichen Wild beobachtet. Er ist rund um die Uhr damit beschäftigt, Nebenbuhler in ihre Schranken zu weisen oder seinen Harem zu bewachen. Das strengt an. In dieser Zeit nimmt der Hirsch kaum noch Nahrung auf und verliert in den etwa drei Wochen der Brunft bis zu einem Drittel seines Körpergewichtes.

Nach dem ununterbrochenen Trubel der Brunft sehnt sich der „Pascha" nach Ruhe. Ist die Paarungszeit vorbei, ist der Hirsch wieder allein unterwegs. Er versucht möglichst zügig, vor dem Winter seine Reserven wieder aufzubauen.

Wird Rotwild in den Wintermonaten zu oft bei der Nahrungsaufnahme oder bei der Ruhephase gestört, leidet es Not und ist dann in den dichten Wäldern schnell ein Schädling, der Rinde und Terminalknospen frisst, um satt zu werden.

# Damwild

## Dama dama

Das Damwild ist eine Wildart mit Migrationshintergrund: Der aus Vorderasien stammende Kleinhirsch, der von der Größe her die Lücke zwischen Rehwild und Rotwild füllt, wurde seit dem späten Mittelalter zum Zwecke der Jagd in Teilen Deutschlands angesiedelt, in Niedersachsen erst kurz vor dem Zweiten Weltkrieg. Trotzdem ist Niedersachsen heute das Bundesland mit dem meisten Damwild. Damwild bevorzugt eine parkähnliche Kulturlandschaft mit gleichen Anteilen von Wald, Feld und Wiese. Es ist ein ausgesprochener Kulturfolger. Ähnlich wie Rehwild kann es mit wenig Wald auskommen.

Damwild lebt einen Großteil des Jahres vorzugsweise in großen Rudeln. Während der Brunftzeit zieht es das weibliche Wild zu den Hirschen mit ihren charakteristischen Schaufelgeweihen. Der Damhirsch sitzt dann in einer flachen Erdkuhle und lockt die brunftigen weiblichen Tiere an.

Das schmackhafte Wildbret interessiert nicht nur die Jäger. Da domestiziertes Damwild sich leicht in Gefangenschaft halten lässt, findet man landauf und landab überall Wildtiergehege mit Damwild zum Zwecke der Fleischvermarktung.

# Wildschwein

## Sus scrofa

Wildschweine sind echte Urviecher und Überlebenskünstler. Die „sauschlaue" Stammform des Hausschweines war ursprünglich in Westeuropa bis Südostasien zu finden, heute ist es fast weltweit verbreitet. Selbst in Australien, Süd- und Nordamerika sowie auf zahlreichen Inseln ist das Schwarzwild mittlerweile anzutreffen. Als Allesfresser sind Wildschweine extrem anpassungsfähig und zudem sehr robust. Nicht überall sind die Tiere willkommen. In Mitteleuropa nimmt die Population vor allem durch den vermehrten Anbau von Mais derzeit stark zu und wandert auch in besiedelte Bereiche ein.

Wildschweine sind in Europa seit Urzeiten Jagdwild. Daher gibt es für Wildschweine tradierte Bezeichnungen aus der Jägersprache: Schwarzwild ist der Begriff der Rasse, das männliche Exemplar wird als Keiler bezeichnet, das weibliche als Bache und die Jungtiere als Frischlinge.

Ein Wildschwein wirkt gedrungen und massiv. Diesen Eindruck verstärken die kurzen und nicht sehr kräftig wirkenden Beine. Die messerscharfen gewetzten Eckzähne des männlichen Wildschweins sind nicht nur eine begehrte Jagdtrophäe, sondern auch eine äußerst wehrhafte Waffe zur Verteidigung. Wer einmal gesehen hat, was übermütige Keiler mit einem Malbaum – einem Baum, an dem sie sich schubbern – anstellen, möchte sich lieber nicht vorstellen, was passiert, wenn der Keiler die Sau rauslässt: An so einem Malbaum findet man bis in fast zwei Metern Höhe Narben in der Borke, die ein am Stamm aufgerichtetes männliches Stück dort mit Wucht hineingefetzt hat.

In Deutschland beliefen sich die Feinde des Schwarzwilds bis vor wenigen Jahren auf den Fuchs, der in der Lage ist, einen sehr jungen Frischling zu erbeuten. Mittlerweile ist in einigen Gegenden der Wolf zurückgekehrt, der schwaches und krankes Schwarzwild erfolgreich jagen kann. In Großfamilien mit mehreren, stärkeren

Wildschweinen in der Rotte können sich die Tiere jedoch sehr gut und effektiv schützen. Hochintelligent, wehrhaft, vorsichtig und mutig – das sind die wichtigsten Charaktereigenschaften der Wildschweine. So haben sie auch die Ausrottungsfeldzüge früherer Zeiten gut überstanden.

In Mitteleuropa entwickeln Wildschweine die höchste Bestandsdichte in Laub- und Mischwäldern mit einem hohen Anteil von Buchen und Eichen sowie in sumpfigen Gebieten. Wenn sie nicht gestört werden, sind sie auch oft am Tage unterwegs. Da sie Allesfresser sind, verschmähen sie auch landwirtschaftliche Produkte wie Mais, Kartoffeln, Getreide und Rüben nicht. Wildschweine können erheblichen Schaden auf landwirtschaftlichen Nutzflächen wie Äckern und Grünland verursachen. Ein weiteres großes Problem bei der Flächenausbreitung ist der durch das Schwarzwild ausgeübte erhöhte Prädationsdruck auf Jungtiere und Vogelgelege jeglicher Art. Gerade in Bereichen mit vielen seltenen Bodenbrüterarten sollte das Wildschwein sich nicht neu ansiedeln dürfen.

Eine scharfe Bejagung der sich schnell vermehrenden Borstentiere ist nicht nur wegen ihres Schadenpotenzials notwendig. Wildschweine gelten als Hauptüberträger der Schweinepest auf Hausschweine. Diese verheerende Seuche ist ein natürlicher Regulator, der immer dann zur Wirkung kommt, wenn die Wildschweinbestände überhandnehmen. Die Folgen sind nicht nur für die Wildschweine brutal. Der letzte Seuchenzug in den 90er-Jahren hat EU-weit über zehn Milliarden Euro gekostet.

Da Wildschweine auch Wirte für Trichinen sind, muss das sehr schmackhafte Fleisch vor der Verwertung darauf untersucht werden. Positive Befunde sind jedoch sehr selten.

# Wolf

## Canis lupus

Kaum ein anderes Tier ruft so viele widersprüchliche Emotionen hervor. Der Wolf polarisiert extrem: Einerseits wird er verklärt, andererseits verteufelt und bekämpft. Zu selten finden sich Stimmen der Vernunft.

Der Wolf gilt zugleich als schlau und grausam, als im Rudel bewunderungswürdig perfekt organisierter Jäger, als Plage und unerbittlicher Feind freilaufender Nutztierherden. „Isegrim" ist bis heute ein Inbegriff für Wildheit und Gefahr. Seit Jahrhunderten wurde er daher erbittert bejagt und ausgerottet. Aber nur beinahe. Die grauen Jäger sind wieder auf dem Vormarsch gen Westen. Zum Entzücken der einen, zum Entsetzen der anderen haben sie sich seit 2007 langsam die Heide zurückerobert. Zum Erfolgskonzept des Wolfes gehört seine Mobilität: Problemlos legt ein Tier in einer Nacht bis zu 70 Kilometer zurück.

Die Ankunft der Wölfe war nicht nur in den Medien eine Sensation. Es dauerte aber noch bis zum Sommer 2012, bis auf dem Truppenübungsplatz Munster das erste niedersächsische Wolfsrudel bestätigt wurde. Im Jahre 2016 waren es bereits neun Rudel und mehrere Einzeltiere, die in Niedersachsen sesshaft geworden sind. Sichtungen gibt es in praktisch allen Landesteilen Niedersachsens.

Ein Rudel besteht durchschnittlich aus acht bis zehn Tieren, sein Revier ist zwischen 150 bis 300 Quadratkilometer groß. Die Rudel- und Reviergrenzen werden von Natur aus streng geachtet und bleiben daher nahezu konstant. Jedes Jahr wandern daher einige geschlechtsreife Jungwölfe aus den Rudeln ab, um bislang unbesetzte Flächen zu besiedeln. Viele von ihnen kommen während der Wanderschaft zu Tode. Ihr Hauptfeind ist – wie auch für andere Wildtiere – der Straßenverkehr. Die zweithäufigste unnatürliche Todesursache für Wölfe ist leider immer noch der illegale Abschuss.

Dort, wo Wölfe trotz aller Widrigkeiten ankommen, müssen sich nicht nur Anwohner und Weidetierhalter auf eine neue Situation einstellen. Auch potenzielle Beutetiere stehen vor einer neuen Herausforderung. Wie Beobachtungen in Wolfsgebieten ergaben, reagiert das Wild anfangs sehr nervös und zeigt sich seltener. Ein Verhalten, das sich im Laufe einiger Jahren wieder stabilisiert. Nicht nur hier lernt die Natur schnell und passt sich an.

Zur Hauptbeute der Wölfe gehören vor allem Rehe. Rotwild und Schwarzwild wird ebenfalls erbeutet, aber zumeist nur sehr junge, alte oder kranke Tiere. Der Wolf weiß sehr genau um die Wehrhaftigkeit von starken Wildschweinen und Hirschen.

Auch wir Menschen müssen lernen, uns mit den Wölfen zu arrangieren. So selten es vorkommt, tatsächlich einem freilebenden Wolf zu begegnen: Es ist und bleibt

ein besonderes, emotionales Erlebnis. Zwar stellen natürlich lebende Wölfe für uns Menschen keine Gefahr dar, doch das ist leicht gesagt: Selbst erfahrene Wolfskenner reagieren bei Nahbegegnungen im besten Falle mit einem Gefühl größten Respekts. Der Anblick eines solch großen Raubtiers wird wohl niemanden kalt lassen. Allerdings ist im Vergleich zu manchen freilaufenden Hunden das Gefahrenpotenzial von Wölfen verschwindend gering. Wölfe sind von Natur aus nicht auf Menschen geprägt und verhalten sich wie jedes Wildtier mit ausgeprägtem Fluchtverhalten. Nur dort, wo man die Tiere zum Beispiel mit Fütterung anlockt und ihnen dadurch ihr natürliches Distanzverhalten abtrainiert, wird es unangenehm. Man kennt all die Bilder von Wildtieren, die sich in Städten ausbreiten und dort ihr Unwesen treiben. Ein menschengemachtes Übel, das man den Tieren nicht anlasten kann. Doch auch hier zeigt sich: Keines der Wildtiere greift von sich aus Menschen an.

Dass es im Austausch von Argumenten der Befürworter und Gegner des Wolfs häufig an Objektivität fehlt, liegt in der Natur der Sache. Eins ist jedoch sicher: Der Wolf ist ein interessantes und zugleich hochemotional beladenes Raubtier, das uns in Zukunft noch manche Veränderung abringen wird.

Der Wolf ist gekommen, um zu bleiben. Er ist eine Tierart, die seit Jahrtausenden zur heimischen Natur gehört und daher auch streng geschützt ist. Der Gedanke an das Ausrotten einer Art sollte in der heutigen Gesellschaft kein Thema mehr sein. Vielmehr sollte Vernunft – in der Diskussion, der Reaktion und der Regulation – eine Tugend sein, die nicht nur dem Wolf zugutekommt.

# Luchs

## Lynx lynx

Scheu und leise schleicht der Luchs durch sein Revier. Die hierzulande noch seltene Großkatze lebt wahrlich auf leisen Pfoten: Ihr Anblick ist selbst für ausdauernde Beobachter ein echter Zufallstreffer.

Der Luchs gehört zu den größten Raubtieren Deutschlands und ist die größte Raubkatze Europas. Er erreicht maximale Körpermaße von einem Meter Länge, 75 Zentimetern Höhe sowie ein Gewicht von bis zu 38 Kilogramm. Als Raubkatze hat der Luchs katzentypische Krallen, die er einziehen und ausfahren kann. Sein kurzer Stummelschwanz hat ein schwarzes Ende und ist ebenso charakteristisch wie die schwarzen Haarpinsel an den Spitzen der Ohren. Die Fellfärbung ist variabel und reicht von sandfarben über rotbraun und braun bis grau, sehr oft ist das Fell gefleckt. Dieses Fleckenmuster ist wie ein Fingerabdruck: Experten können so leicht einen Luchs vom anderen unterscheiden.

In der freien Natur kann der Luchs bis zu zwölf Jahre alt werden. Als typischer nächtlicher Ansitzjäger hockt der Luchs stundenlang und wartet im Schutz der Dunkelheit geduldig auf seine Beute – immer gut verborgen und fernab jeglicher menschlicher Behausung. Luchse sind typische Einzelgänger, die sich nur zur Paarungszeit zusammenfinden. Ihre Hauptbeute besteht aus Rehen, jungen Wildschweinen, Füchsen, Hasen und Vögeln. Der Lebensraum eines erwachsenen männlichen Luchses ist durchschnittlich 250 Quadratkilometer groß. Damit nutzt er ein ebenso großes Areal wie ein ganzes Wolfsrudel. Weibliche Luchse haben einen deutlich kleineren Aktionsradius.

Nach der Wiederansiedlung im Harz im Jahr 2000 breitet sich die faszinierende große Wildkatze langsam auch in angrenzende Gebiete aus. In der niedersächsischen Heide gibt es erste Sichtungen, die Anlass zur Hoffnung bieten. Man sieht den Luchs nur selten, doch vielleicht hat er schon längst sein Revier bezogen.

# Fuchs

## Vulpes vulpes

Er ist einer, der überall zurechtkommt: Der Rotfuchs ist heute in ganz Europa anzutreffen – und zwar nicht nur in freier Natur. Ehemals war er ein scheuer Waldbewohner, der die offene Landschaft nur zur Jagd aufsuchte. Heute ist der dämmerungs- und nachtaktive Fuchs sogar mitten in Großstädten heimisch. Um Menschen macht er allerdings einen weiten Bogen.

Als „Allrounder" frisst der Fuchs so ziemlich alles, was Mensch und Natur ihm bieten: Von Abfällen aller Art bis zu Himbeeren und Brombeeren reicht sein Speisezettel. Ganz oben stehen nach wie vor Mäuse. Auch wenn das deutsche Liedgut anderes behauptet: Eine ausgewachsene Gans kann der nur bis zu neun Kilogramm schwere Beutegreifer kaum überwältigen. Viel lieber hält er sich an Regenwürmer.

Im Ökosystem sind Füchse Aasvertilger und Mäusejäger, die eine große Bedeutung für die Gesundheit und Kondition ihrer Beutebestände haben. Kranke und geschwächte Tiere fallen Füchsen am ehesten zum Opfer. Mögliche Seuchenherde werden dadurch rasch eliminiert, während gesunde Feldhasen oder Wildkaninchen aufgrund ihrer Geschwindigkeit für einen Fuchs meist unerreichbar sind.

Der Fuchs ist kaum „totzukriegen": Selbst Vernichtungsfeldzüge, vor allem in den 1970er-Jahren, als man den Fuchs massiv bejagte und seine Bauten vergaste, haben die Population nicht ernsthaft bedroht. Mitverantwortlich dafür ist die hohe Reproduktionsrate, gepaart mit einer Lebenserwartung von bis zu zwölf Jahren.

Seine sprichwörtliche Schlauheit und Listigkeit gehören ins Reich der Fabel. Der omnipräsente Fuchs ist nicht überdurchschnittlich intelligent, nur ganz besonders vorsichtig. Deshalb ist er für die meisten Menschen fast unsichtbar – auch wenn er in ihrer direkten Nachbarschaft lebt.

# Dachs

## Meles meles

Wie ein hungriger Mensch, der durch einen Supermarkt spaziert und nach Herzenslust einkauft – so verhält sich der Dachs, wenn er in der Dämmerung durch sein Revier streift. Der bis zu 17 Kilo schwere Marderartige trollt im für ihn typischen Trab durch die Gegend – von einer interessanten Stelle zur anderen, unternehmungslustig, neugierig und immer für einen guten Happen zu haben. „Grimbart" verputzt alles, was er bekommen und überwältigen kann. Er nutzt ein sehr breites Nahrungsspektrum, das je nach Jahreszeit mehr aus tierischer oder aus pflanzlicher Kost bestehen kann. Einen großen Anteil machen Regenwürmer aus, aber auch Insekten, Kleinsäuger, Feldfrüchte oder Beeren frisst er gern. Besonders bei Jägern macht sich der Dachs unbeliebt, indem er sowohl Gelege von Rebhühnern und Fasanen als auch frisch gesetzte Junghasen vertilgt. Sogar in den um sich greifenden Mais-Monokulturen fühlt sich der Dachs pudelwohl.

Seine ausgedehnten Einkaufstouren lassen „Schmalzmann", wie ihn der Jäger nennt, sogar manchmal seine Scheu vor dem Menschen vergessen. Wenn Sommerfrüchte wie Kirschen oder Pflaumen reif sind, schleicht sich ein Dachs manchmal in einen Garten, um zu naschen. Die süßen Früchte haben es ihm angetan – da kann er schon einmal zum Verkehrshindernis werden. So geschehen nahe dem Harzort Groß Döhren. Dort musste die Polizei einen Dachs von der Straße holen. Das tapsige Tier hatte sich so viele überreife, gärende Kirschen einverleibt, dass es volltrunken den Verkehr behinderte.

Wenn er nicht gerade auf Zechtouren über die Dörfer zieht, bevorzugt der Dachs ein stilles Zuhause. Er besiedelt reich strukturierte Landschaften mit Waldungen, Gehölzen oder Hecken. Bevorzugt werden Laubmischwälder mit einer ausgeprägten Strauchschicht. Unbeliebt sind große, geschlossene Waldgebiete. Baue werden oft am Waldrand angelegt. Die Dachshöhle ist fast schon ein Kunstwerk, das von Generation zu Generation weitergegeben und ständig erweitert wird. Mitunter lebt dort auch ein Fuchs als Untermieter. Im Gegensatz zum Fuchs polstert der Dachs den Kessel seines Baues mit trockenem Laub, Moos oder Farnkraut aus. Der Dachsbau ist ein wahres Labyrinth mit beeindruckenden Ausmaßen und kann über Jahrzehnte, vermutlich sogar Jahrhunderte benutzt werden. Ein in England ausgegrabener Bau hatte 50 verschiedene Kammern und 178 Eingänge, die durch insgesamt 879 Meter lange Tunnel miteinander verbunden waren. Wehe dem Jagdhund, der den Dachs in seinem Bau stört: Schnell kann es ihm geschehen, dass er in eine Sackgasse getrieben und „verklüftet" – also lebendig begraben – wird.

Gefährdet war der Dachs lediglich in den 70er-Jahren, als zur Tollwutbekämpfung die Fuchsbaue begast wurden und darunter auch viele Dachse zu leiden hatten. Heute gehören sie in einer abwechslungsreichen Landschaft einfach dazu – als jene, deren charakteristisch schwarz-weiß gestreiftes Gesicht immer dort auftaucht, wo es etwas zu holen geben könnte.

# Marderhund

## Nyctereutes procyonoides

Marderhunde sind in unserer heimischen Fauna Fremdlinge, die es weit weg von ihrem eigentlichen Zuhause in eine neue Heimat verschlagen hat. Die von Natur aus in Ostsibirien, Japan und Nordchina heimischen Marderhunde wurden in der damaligen Sowjetunion zur Pelzgewinnung genutzt. Von dort aus breiteten sie sich über Osteuropa nach Mittel- und Nordeuropa auf natürliche Weise aus. Seit einigen Jahren wandern Marderhunde zudem massiv von Skandinavien nach Mitteleuropa ein.

Die scheuen und nachtaktiven Tiere leben gerne in für Menschen kaum zugänglichen Gehölzen. Dabei bevorzugen sie Auenlandschaften mit einem Mosaik aus schilfgesäumten Gewässern, feuchten Wiesen und Bruchwald. Die bis zu zehn Kilogramm schweren Tiere werden gerne mit Waschbären verwechselt. Doch sind sie wesentlich größer und unterscheiden sich durch Farbe und Zeichnung ihres Fells.

Marderhunde haben einen Überlebenstrick aus Asien mitgebracht: Wenn sie bei akuter Gefahr nicht in einen Bau flüchten oder sich verstecken können, verharren sie im Totstellreflex: Mit geöffneten Augen bleiben sie starr liegen. Dieses Verhalten hat sich wohl als Schutzwirkung in ihrem ursprünglichen Verbreitungsgebiet bewährt.

In unserer Landschaft stoßen die Tiere auf ein Umfeld ohne natürliche Feinde, was ihrer Ausbreitung leider zugutekommt. Marderhunde finden hier einen reich gedeckten Tisch: Bis zu 80 Prozent der Nahrung der Allesfresser besteht aus pflanzlicher Kost wie Obst, Beeren, Kastanien, Nüssen und Eicheln.

Ihre Anwesenheit wirkt sich äußerst schädlich auf die heimische Fauna aus. Besonders bodenbrütende Vogelarten, Hasen und Rehkitze fallen ihnen zahlreich zum Opfer. Zudem kann die Art durch Bejagung nur schwerlich zurückgedrängt oder aus der heimischen Natur entfernt werden. Untersuchungen in Skandinavien haben gezeigt, dass eine intensive Bejagung die Reproduktion und Ausbreitungsgeschwindigkeit eher noch verstärkt. Eine Marderhündin kann pro Jahr bis zu zwölf Junge werfen. Ein Siegeszug, der gerade erst begonnen hat.

# Baummarder

## Martes martes

Aufgrund seines wunderbaren braunen Winterbalgs sind und waren Baummarder bei manchen Menschen sehr beliebt. So bezeichnet man die agilen Tiere auch als Edelmarder – eine zweifelhafte Ehre, auf die die Marder vermutlich gerne verzichten würden. Außer Menschen sind nur Greifvögel direkte Feinde des Baummarders, trotzdem bekommt man ihn selten zu sehen. Anders als sein Verwandter, der Steinmarder, dringt er nie in menschliche Siedlungen vor. Er ist ein reiner Waldbewohner.

Charakteristisch für die flinken Tiere sind ihr großer gelblicher Kehlfleck und ihre im Gegensatz zum Steinmarder dunkle Nase. Die Sohlen der Pfoten sind stark behaart, weswegen ihr Pfotenabdruck immer leicht verwischt aussieht.

Baummarder sind Allesfresser. Sie bevorzugen Mäuse und Eichhörnchen sowie Vögel und deren Eier, verschmähen aber auch Frösche, Schnecken und Insekten nicht. Im Spätsommer und Herbst vertilgen sie gern Früchte, Beeren und Nüsse.

Die wendigen Kletterkünstler sind perfekt an das Leben auf Bäumen angepasst. Sie können ihre Füße um 180 Grad drehen und mit Unterstützung ihres als Steuerinstrument dienenden, kräftigen Schwanzes sogar bis zu vier Meter weit springen. Die überwiegend nachtaktiven Tiere schlafen tagsüber meist in Baumhöhlen, manchmal in verlassenen Eichhörnchenkobeln oder in Greifvogelnestern. Den Baummarder tagsüber beim behänden Klettern und Springen durch Baumkronen zu sehen, ist selten und deswegen ein besonderes Naturerlebnis.

# Steinmarder

## Martes foina

Der Steinmarder ist bei vielen Menschen nicht allzu beliebt. Das liegt am Jagd- und Revierverhalten des umtriebigen Kulturfolgers. Der opportunistische Allesfresser mit einer Vorliebe für Geflügel lebt nicht nur in der Natur, sondern auch gerne in unmittelbarer Nachbarschaft zu Menschen. Manchmal dringt er als nächtlicher Jäger in Hühnerställe oder Taubenschläge ein, wo die umherflatternden Vögel seinen Jagdreflex auslösen und ihn sinnlos wüten lassen. Die Folge: Der Marder erlegt weit mehr Beute, als er fressen kann. In der freien Natur wären derlei „Blutbäder" undenkbar.

Noch schlimmer – aus Menschensicht – ist die Vorliebe des Steinmarders für Motorräume von Autos, wo er gerne Kabel, Schläuche und Isolierungen zerbeißt. Allerdings handelt es sich hier nicht um reine Zerstörungswut, sondern eher um einen Revierkampf unter KfZ-Freunden. Der erste Marder, der einen Motorraum erobert, hinterlässt nur einige Urinmarkierungen, geht aber sehr schonend mit der Technik um. Aber wehe dem, der seinen so markierten vierrädrigen Liebling im Revier eines anderen Steinmarders parkt. Dieser hat den Feind sofort in der Nase es wird erstmal ordentlich gewütet. Damit soll dem Konkurrenten gezeigt werden, wer der Chef in der Gegend ist. In Ermangelung eines echten Gegners muss eben das nach Marder müffelnde Gefährt dran glauben.

Auch bestimmte Dachböden erfreuen sich großer Beliebtheit und werden in Folge immer wieder gern besiedelt. Wer hier den „Erstbewohner" entfernt, kann sich sicher sein, dass bald ein neuer Steinmarder einzieht. Marder sind ausgesprochen territoriale Tiere, die den Menschen in ihrer Umgebung dulden, während dies nicht auf Gegenseitigkeit beruht.

# Eichhörnchen

## Sciurus vulgaris

Sie vollbringen atemberaubende Kunststücke, wenn sie durchs Geäst der Bäume flitzen: Eichhörnchen, deren lateinischer Name auf ihren „schattenspendenden Schwanz" hinweist, gehören zu den quirligsten Waldbewohnern. Ihr Körperbau ist perfekt an das Leben in den Wipfeln angepasst. Es ist kein Problem für sie, kopfüber an Bäumen herunterzulaufen – das macht ihnen nur noch der Baummarder nach. Leider ist dieser ihr Fressfeind. Zum Schutz vor ihm sind die Eichhörnchen mit scharfen Sinnen ausgestattet.

Ihre großen Augen verschaffen ihnen einen guten Rundumblick. Ihre räumliche Wahrnehmung ist hervorragend. Bei den Hörnchen ist das überlebenswichtig, denn sie müssen beim Sprung von Baum zu Baum die Abstände richtig einschätzen können. Auch der Hörsinn ist sehr ausgeprägt, sodass Prädatoren die Nager nur sehr selten erwischen. Der Geruchssinn ist so fein, dass sogar tief unter Schnee begrabene Nüsse aufgespürt werden können.

Eichhörnchen bauen sich recht wild zusammengeschusterte, kugelige Nester aus Zweigen, Moos und Gras. Aus Sicherheitsgründen legen sie oft mehrere dieser sogenannten Kobel an und versehen sie jeweils mit mindestens zwei Ausgängen. Im größten Kobel werden bis zu zweimal im Jahr zwei bis fünf Junge großgezogen. Die meisten der kleinen Hörnchen erleben ihren ersten Geburtstag allerdings nicht. Krähen, Elstern und Raben räubern gerne die Nester aus. Auch der Straßenverkehr fordert viele Eichhörnchenopfer. Obwohl die Tierchen sonst so vorsichtig sind, erkennen sie Straßen einfach nicht als Gefahrenquelle.

Die Speisekarte der Eichhörnchen ist recht vielfältig. Sie sind Allesfresser und verspeisen Kleintiere wie Insekten oder Schnecken, Jungvögel, Vogeleier und Pilze genauso wie Walnüsse, Haselnüsse, Bucheckern, Kastanien, Eicheln, Fichtensamen, Obst und frische Triebe. Da Eichhörnchen keinen durchgehenden Winterschlaf halten, benötigen sie auch in der kalten Jahreszeit Futter. Im Herbst beginnen sie deshalb damit, sich Vorräte anzulegen. Bucheckern, Nüsse, Samen – alles wird gesammelt und vergraben. Im Winter klappern sie diese Depots ab. Da sie nicht alle Verstecke leerräumen, haben viele der Samen im Frühjahr die Chance zu keimen und zu neuen Bäumen heranzuwachsen. Somit gehört das Eichhörnchen zu den Tieren, die ihren Lebensraum als tierische Förster aktiv mitgestalten.

# Igel

## Erinaceus europaeus

„Stachelritter" ist einer der Spitznamen, die man Igeln gegeben hat. Die stachelbewehrte Haut des nachtaktiven Insektenfressers schützt ihn recht gut: zumindest vor den Fressfeinden, die keine Lust auf nadelbespickte Nasen haben. Klassische Beutegreifer wie Füchse, Marder und Dachse tun sich schwer damit, die Stachelkugel zu knacken, zu der sich der Igel bei Gefahr blitzschnell einrollt. Greifvögel schreckt das allerdings wenig ab: Sie packen mit spitzem Schnabel zu und finden so schnell Zugang zum weichen Inhalt ihrer Beute. Der ärgste Feind der Stachelritter ist der Straßenverkehr. Hier kommen die arglosen Tiere massenweise unter die Räder: Rund eine halbe Million Igel werden in Deutschland pro Jahr überfahren.

Igel brauchen abwechslungsreich strukturierte Lebensräume abseits von Straßen. Sehr gerne leben sie in Gärten. Dort lieben sie es wild: Igeln hilft jeder nicht weggeharkte Laub- und Reisighaufen, da die Tiere dort ihren Winterschlaf halten. Zudem ist jedes nicht ausgebrachte Schneckenkorn genauso wichtig wie jeder nicht ausgelegte Rattenköder: Denn diese Gifte sind auch für Igel tödlich.

Igel sind nützliche Helfer in der Natur und im Garten, fressen sie doch auch unliebsame Schnecken. Nicht zuletzt deswegen erfreut der Anblick der laut schnaufenden Gesellen das Herz jedes Gartenbesitzers.

# Fledermaus

## Microchiroptera

Schönheit liegt bekanntlich im Auge des Betrachters. Auch wenn die kleinen „Draculas" nicht unbedingt mit einer hübschen Optik bestechen, machen sie dies durch ihre Fähigkeiten wett: Fledermäuse sind neben Flughunden die einzigen Säugetiere der Welt, die sich aktiv in die Lüfte aufschwingen können. Fossile Funde weisen darauf hin, dass sie bereits seit rund 50 Millionen Jahren die Erde besiedeln. Allein diese Urzeitgeschichte macht sie in der hiesigen Tierwelt einmalig.

In der norddeutschen Heide kommen vor allem der Große und der Kleine Abendsegler, das Große und das Kleine Mausohr, die Große Hufeisennase und weitere zehn Arten vor. Allen Arten ist eines gemein: Sie sind ausschließlich nachtaktive und äußerst rasante Jäger. Ihre mit nackter Flughaut bespannten langen, ultraleichten Fingerknochen tragen sie lautlos mit bis zu 50 Stundenkilometern durch die Nacht. Dabei verlassen Fledermäuse sich nicht auf ihre Augen, denn ihre Sehkraft ist sehr gering. Für den Beutefang nutzen sie eine Fähigkeit, die selbst die schlausten Ingenieure in Staunen versetzt: Die fliegenden Mäuse sind Meister der Echoortung. Für Menschen nahezu unhörbar, senden sie Signale im Hochfrequenzbereich aus. Damit peilen sie bei völliger Dunkelheit selbst kleinste Insekten an. Mit ihren Ohren erfassen sie ein dreidimensionales Bild des ahnungslosen Beutetiers und orten genau dessen Entfernung und Bewegungsradius. Ist die Beute erst einmal auf dem Radar, wird zielsicher und gnadenlos zugeschnappt.

Nach nächtlicher Jagd kehren die geselligen Tiere in ihre gemeinsamen Tagesunterkünfte zurück. Festgekrallt mit dem Kopf nach unten hängend, schlummern sie dort der höchsten Dämmerung entgegen.

Den Winterschlaf verbringen Fledermäuse gerne in Gemeinschaft ihrer Artgenossen. Dicht gehängt wärmt man sich gegenseitig und schaut schon einmal mit kurzsichtigem Blick auf künftige Partner zur Fortpflanzung. Als Frucht der winterlichen Brautschau kommt meist ein junges Flugmäuschen pro Paar zur Welt.

Trotz diverser Gruselgeschichten können wir Menschen uns in absoluter Sicherheit wiegen: Fledermäuse haben mit Vampiren zwar die markanten Eckzähne gemein, aber sie nutzen diese nicht, um menschliches Blut zu saugen. Die scharfen Zähnchen dienen ganz profan nur zum Aufknacken von Panzern dickerer Fluginsekten. Trotzdem brauchen Fledermäuse uns Menschen mehr denn je. Es reicht dabei ein gewisses „Herzblut", um den fatalen Schwund der mittlerweile stark bedrohten Tiere aufzuhalten. Die Bereitstellung von geeigneten Nischen in Bauten oder Fledermauskästen als Sommer- und Winterquartiere sind äußerst wichtige Maßnahmen. Zudem dienen alle Aktivitäten zum Erhalt einer großen Insektenvielfalt gleichsam auch dazu, den uralten Erdbewohnern eine langfristige Zukunft zu ermöglichen.

# Rote Waldameise

## Formica rufa

Zu den faszinierendsten Bewohnern des Waldes gehört die Rote Waldameise. Ihr Bau gleicht einer menschlichen Großstadt, ihr Territorium einem Staat. In einem Haufen der Roten Waldameisen können bis zu einer Million Tiere leben. Der Ameisen-Kosmos ist strikt hierarchisch organisiert: Die „High Society" sind die Königinnen. Sie stehen im Mittelpunkt, und nur sie gebären Nachkommen. Die „Mittelschicht" bilden die Arbeiterinnen. Sie kümmern sich um alles. Sie pflegen den Nachwuchs, beschaffen Nistmaterial und Nahrung, melken Läuse und sind als Bauarbeiterinnen tätig. Der Ameisenstaat ist ein echtes Matriarchat. Die Männer bilden die Unterschicht. Sie erfüllen nur eine einzige Aufgabe: die Fortpflanzung. Danach sterben sie.

Die auffälligen Ameisenhügel bilden nur den oberirdischen Teil des Nestes. Sie bestehen aus Tannennadeln, Holz- und Aststückchen, gesammelt von den Arbeiterinnen, die dabei das Sechzigfache ihres eigenen Körpergewichtes tragen können. Wie bei Eisbergen ist der Großteil des Ameisenbaus unter der Oberfläche verborgen. Hier befinden sich auch die zahlreichen Brutkammern. Um Luftzufuhr und Temperatur im Inneren steuern zu können, legen die kleinen Baumeister ein intelligentes Belüftungssystem an. Im Frühjahr, wenn die Sonne den Boden erwärmt, beginnt auch das Leben im Ameisenstaat. Arbeiterinnen wärmen sich auf der Hügelkuppe auf und tragen diese Wärme ins Nest. Wer genau hinhört, wenn hunderte Ameisen an ihrem Nest bauen, kann ein leichtes Trippeln und Rascheln vernehmen. Die Tiere selbst verständigen sich über chemische Botenstoffe. Sauer werden sie im wahrsten Sinne des Wortes bei Angriffen: Dann beißen sie ihre Gegner und spritzen Säure in die Wunde.

Die Rote Waldameise ist sehr nützlich für den Wald. Ein einziges Volk vertilgt Tag für Tag zehntausende Insekten sowie deren Larven und Raupen. Dadurch dezimieren die kleinen Jäger Waldschädlinge erheblich. Die zweite Leidenschaft der Ameisen gilt dem Honigtau von Blatt- und Schildläusen. Auch der Saft von Bäumen und Früchten wird gern genommen. Die Ameisen verzehren außerdem Aas, weshalb sie oft als Gesundheitspolizei des Waldes bezeichnet werden. Ihr Jagdgebiet kann sich bis zu 100 Meter rings um den Bau erstrecken.

# Hirschkäfer

## Lucanus cervus

Dass der Hirschkäfer ein dicker Brummer ist, zeigt sich nicht nur, wenn er sich in die Lüfte schwingt. Auch wenn er zu Fuß unterwegs ist, wird schnell klar, dass er der Platzhirsch im Insektenreich ist: Mit seinen drei bis acht Zentimetern Gesamtlänge ist er der größte europäische Käfer. Sein Markenzeichen ist das markante Geweih, bei dem es sich eigentlich um die Zangen seiner Oberkiefer handelt. Wie bei echten Hirschen zählen auch beim Käfer nur die männlichen Exemplare zu den „Geweihten".

Hirschkäfer besiedeln alte, totholzreiche Laubwälder und Laubwaldinseln, alte Parkanlagen und waldnahe Obstplantagen mit einem hohen Anteil an absterbenden Althölzern und Baumstümpfen. Sonnenexponierte Randlagen werden bevorzugt. Im Juni und Juli schwärmen die Tiere in der Dämmerung aus. Ihre Ziele sind Eichen mit anhaltendem Saftfluss als Nahrungsquellen. Sie dienen auch als wichtige Rendezvousplätze für Männchen und Weibchen. In dieser Zeit kommt es zu Kämpfen zwischen Rivalen, die denen der großen Hirsche durchaus ähneln. Die Männchen führen mit ihren mächtigen Oberkiefern Zweikämpfe um die Weibchen aus, indem sie versuchen, sich gegenseitig von Zweigen, die als „Turnierplatz" dienen, zu werfen.

Die Weibchen legen ihre Eier im Wurzelwerk abgestorbener Alteichen oder in morschen Stubben ab. Wichtig ist dabei, dass das Holz bereits von Mikroorganismen zersetzt wurde. Stimmt die Nahrung, dann entwickeln sich die Larven in bis zu acht Jahren zu stattlicher Größe: Exemplare von elf Zentimetern sind keine Seltenheit. Umso verblüffender ist, dass die komplexen Käfer, die aus ihnen schlüpfen nur eine Lebenszeit von drei bis acht Wochen haben, die fast ausschließlich der Fortpflanzung dient.

Zu den Fressfeinden des Hirschkäfers zählt das Schwarzwild, das bis zu einem halben Meter tief gräbt, um an die eiweißreiche Larve zu gelangen. Doch nicht die Wildschweine sind Schuld daran, dass der Hirschkäfer auf der „Roten Liste" als „stark gefährdet" eingestuft ist. Besonders mangelt es an geeigneten Brutstätten – also an warmen, besonnten, langsam vermodernden Wurzelstöcken großer Laubbäume. Dem Käfer kann geholfen werden, indem Totholz bewusst stehen oder liegen gelassen und keine Stubbenrodung betrieben wird.

# Borkenkäfer

## Scolytinae

Man nennt ihn „Buchdrucker", und das klingt zunächst einmal ganz sympathisch. Doch der Fichtenborkenkäfer hat keine Freunde, denn das gerade mal einen halben Zentimeter große Insekt kann ganze Fichtenwälder vernichten. Oft ist der Käfer als regelrechter Forstkiller dämonisiert worden. Das hängt damit zusammen, dass in den vergangenen Jahren in Nationalparks, wie etwa im Harz oder Bayerischen Wald, für den Laien erschreckende Bilder von abgestorbenen Fichtenwäldern zu sehen waren. Es hat Jahrzehnte gedauert, bis man lernte, dass darin auch eine Chance liegt.

Die Grundlagen für „Käferplagen" hat der Mensch geschaffen, indem er dort Fichten anbaute, wo sie nicht hingehören. Die Fichte wird schon sehr lange wegen ihres schnellen Wuchses und der Holzqualität angebaut. Natürlicherweise ist sie in den rauesten Hochlagen des Gebirges zu Hause – dort fühlt sich der Borkenkäfer nicht wohl. Noch viel schneller wächst die Fichte allerdings im Flachland, wo sie in Monokultur reiche Holzerträge verspricht. Dort eröffnet sich für den Borkenkäfer ein Schlaraffenland. Diese Forste sind ökologisch so stabil wie ein Kartenhaus: Die dichten Bestände sind anfällig gegenüber Stürmen und bieten der Massenvermehrung von Insekten Raum.

Der wegen seiner charakteristischen Fraßspuren „Buchdrucker" genannte Käfer ist ein Rindenbrüter und befällt normalerweise nur alte und geschwächte Bäume. Vitale Bäume setzen sich in aller Regel erfolgreich zur Wehr. Erst bei Massenvermehrungen werden auch augenscheinlich gesunde Fichten befallen.

Um den „Buchdrucker" zu bekämpfen, werden befallene Bäume normalerweise rasch aus dem Wald entfernt. Das beste Rezept gegen „Käferplagen" ist, ihnen von vornherein die Grundlage zu entziehen, indem man Monokulturen zügig in forstliche Vielfalt umwandelt.

# Waldschnepfe

## Scolopax rusticola

Die Waldschnepfe, der Vogel „mit dem langen Gesicht", ist eine faszinierende dämmerungs- und nachtaktive Vogelart. Sie ist etwa so groß wie eine Haustaube mit einem langen, geraden Schnabel und auffallend kurzen Beinen. Das Gefieder ist braun, schwarz und weiß gemustert. Durch ihre Tarnung ist die Waldschnepfe, deren Lebensraum reich gegliederte Laub- und Mischwälder sind, am Boden nur schwer auszumachen. Außerdem sind Waldschnepfen scheue Einzelgänger, die sich am Tage verstecken und erst in der Dämmerung aktiv werden.

Ihre Augen erreichen jeweils einen Blickwinkel von bis zu 180 Grad. Die Schnepfe kann also auch nach hinten sehen. Ihr Ruf klingt scharf und hoch, in etwa wie „ziwitz", abwechselnd mit langgezogenem, froschartigem „quorr".

Zur Nahrungssuche stochern Schnepfen im Boden herum und suchen nach Würmern, Insekten und Spinnen. Im Winter stehen auch Beeren und Früchte auf dem Speiseplan. Während der kurzen Balz- und Paarungszeit im März und April fliegen die Männchen innerhalb von zwei bis drei Wochen mehr oder weniger gleiche Kontrollflächen ab, die sie abends und morgens für etwa 10 bis 30 Minuten bestreifen.

Dieser typische Balzflug wird von Jägern „Schnepfenstrich" genannt. Während dieses kurvenreichen Dämmerungsfluges ist der Schnepf, der auf Englisch „Snipe" heißt, äußerst schwer zu treffen. Jäger, die dieses Kunststück fertig gebracht haben – wohlgemerkt mit der Kugel und nicht mit Schrot –, durften sich früher im englischen Sprachraum „Sniper" nennen. Sie galten wie die heutigen militärischen Scharfschützen als Meister ihrer Kunst.

# Schwarzstorch

## Ciconia nigra

Wer ihn von weitem sieht, weiß oft nicht, wen er vor sich hat: Mit fast einem Meter Größe und einer beachtlichen Flügelspannbreite von bis fast zwei Metern zeigt sich hin und wieder ein Schwarzstorch am Heidehimmel. Seine vorwiegend zurückgezogene Lebensweise ist genau das Gegenteil des an den Menschen gewöhnten Weißstorches. Brütet der Weißstorch mitten in Siedlungen, so sucht der Schwarzstorch als ausgesprochener Kulturflüchter möglichst ungestörte und verschwiegene Waldbereiche, um in luftiger Höhe in Baumkronen ein großes Nest anzulegen. Schwarzstörche reagieren am Brutplatz sehr empfindlich auf Störungen und Veränderungen. Die für ihre Brutbereiche ausgewählten Bäume gelten deshalb auch als Indikator für ökologisch wertvolle Wälder. Auf Nahrungssuche fliegt der typische Thermiksegler bis zu 20 Kilometer weit in Feuchtbiotope mit naturnahen Bach- und Flussläufen sowie intakten Waldmooren.

In der Regel kehrt der Waldstorch, wie er auch genannt wird, gegen Mitte bis Ende März aus seinem Winterquartier zum Brutplatz zurück. Die meisten der europäischen Schwarzstörche überwintern nördlich des Äquators. Immer mehr verbringen diese Zeit dank der milder werdenden Wintermonate bereits in Spanien und Bulgarien.

In Deutschland sind etwas über 500 Paare und in Niedersachsen mittlerweile wieder über 50 Brutpaare bekannt. Somit haben sich die Vorkommen des schwarzen Adebars in den letzten 30 Jahren fast verdoppelt.

So sehr der Schwarzstorch den Menschen auch meidet, er lässt sich doch von ihm unterstützen: Eine Nisthilfe in geschützten Bereichen mit gut anzufliegender, lichter Baumkrone wird gerne angenommen. Die Schwarzstorchenbeauftragten der einzelnen Bundesländer haben in den jüngsten Jahrzehnten hier erfolgreich wirken können. Menschen müssen dem Schwarzstorch qualifizierten Lebensraum und vor allen Dingen ungestörte Rückzugsräume bereitstellen. Dafür bedarf es einer ökologisch ausgerichteten Forstwirtschaft, die auch bereit ist, solch sensible Bereiche aus der Nutzung zu nehmen.

# Pirol

## Oriolus oriolus

Gefärbt wie ein New Yorker Taxi ist das Pirolmännchen einer der markantesten Vögel in Deutschland. Nicht ganz so kontrastreich sind die Weibchen gezeichnet. Wer die Tiere finden will, muss nach oben schauen: Pirole sind eng an offene und halboffene Wälder gebunden und halten sich dort fast ausschließlich in den Baumkronen auf. Der melodische Ruf in der Balz verrät die Anwesenheit schon von weitem. Zu sehen ist der amselgroße und sehr scheue Vogel trotz seiner auffälligen Farbe nicht sehr oft.

Soweit bekannt, besteht die Nahrung der Pirole überwiegend aus Insekten, insbesondere Schmetterlingsraupen. Ihre Brutstätten bauen sie in Baumkronen als napfförmige Hängenester. Die Eier sind reinweiß bis gelblich-braun mit dunklen Flecken.

Einen Pirol zu beobachten ist ein wirklich seltener Naturgenuss.

# Zaunkönig

## Troglodytes troglodytes

Der optisch völlig unauffällige Zaunkönig ist ein quirliger Singvogel. Kleiner sind in Europa nur die Winter- und Sommergoldhähnchen. Um den Zaunkönig ranken sich einige Geschichten: In früheren Zeiten wurde der Zaunkönig auch „Schneekönig" genannt, da er auch in der Winterzeit unverdrossen sein Liedchen trällert. Zudem sagt man dem kleinen König List und Schläue nach. Das hat seinen Ursprung in einer alten Sage vom Wettstreit der Vögel. Die wollten denjenigen zum König machen, der am höchsten fliegen konnte. Der Adler stieg höher als alle anderen auf, doch als er müde wurde, sprang der Zaunkönig aus seinem Gefieder und flog noch ein Stück höher.

Im wahren Leben fliegt der kleine Vogel mit dem kurzen meist aufgestellten Schwänzchen eher nicht in luftigen Höhen, sondern in Bodennähe von Deckung zu Deckung. Wegen seines unauffälligen Gefieders und seiner schnellen, kurzen Flügel können wir ihn kaum wahrnehmen. Dennoch ist er fast überall zu finden. Im lückigen Wald, an Hecken und in Gärten ist der Winzling in fast ganz Europa beheimatet. Er zählt noch nicht zu den gefährdeten Vogelarten. In der Futterwahl ist er recht breit aufgestellt und steckt viel Kraft und Zeit in einen raffinierten und schönen Nestbau. Ob in der Hausecke, im Efeu oder im dichten Busch, es ist stets ein kleines Kunstwerk, das normalerweise gut versteckt angelegt wird. Faszinierend ist es, diesen kleinen flinken Vogel über den Boden oder durchs Geäst huschen zu sehen.

So klein wie er ist, überhören kann man den Zaunkönig nicht. Sein Gesang ist nicht nur wunderschön und kunstvoll, er ist auch laut. Und wie: Sein nur etwa neun Gramm leichter Körper schmettert mit unglaublichen bis zu 90 Dezibel sein Lied. Kaum auszudenken, wenn der Zaunkönig einige Nummern größer wäre ...

# Buntspecht

## Dendrocopos major

Er ist ein Zimmermann mit sozialer Ader, der seinen menschlichen Handwerkerkollegen einiges voraus hat. Würde ein Mensch auch nur einmal mit dem Kopf so gegen einen Baumstamm knallen, wie es der Specht tausende Male am Tag tut, wäre er mit einer bloßen Gehirnerschütterung noch gut bedient. Dem Specht macht diese harte Form der „Kopfarbeit" nichts aus. Einfach genial: Da sein Gehirn federnd gelagert ist, kann er trommeln, so viel er will. Getrommelt wird bei vielen Anlässen: zum Höhlenbau, zur Nahrungssuche und besonders virtuos im Frühjahr zur Reviermarkierung.

Der Buntspecht ernährt sich von holzbewohnenden und freilebenden Insekten, Insektenlarven und Spinnen. Im Gegensatz zu anderen Spechtarten frisst er auch relativ viel pflanzliche Kost wie Koniferensamen, Beeren, Nüsse und Baumsäfte. Eine seiner Spezialitäten ist die Anlage von „Spechtschmieden". Das sind natürliche oder von ihm gehackte Baumspalten und Löcher, in die er Nüsse oder Kiefernzapfen einklemmt. So kann er bequem ihre Inhalte herausarbeiten. Unter diesen Schmieden sind oft ganze Berge von leeren Nüssen oder Zapfen zu finden.

Der Buntspecht brütet in allen Laub- und Nadelwaldlandschaften sowie in Parks, Feldgehölzen und Gärten. Als häufigste und am weitesten verbreitete Spechtart ist der Buntspecht nicht akut bedroht. Ein Glück für die vielen Tiere, die von den Spechten profitieren. Spechte nutzen ihre Bruthöhlen meist nur ein- oder zweimal. Danach stellen sie diese mietfrei dem Wohnungsmarkt im Wald zur Verfügung. Schnell werden diese willkommenen Heime von Meisen, Staren, Kleibern, Fledermäusen oder Hornissen besiedelt. Fehlt der Baumeister, droht diesen Arten die Obdachlosigkeit.

# Schwarzspecht

## Dryocopus martius

Wenn ihr intensiver, langgezogener Ruf ertönt, kann man getrost schon mal den Regenschirm auspacken. Was man den Fröschen angedichtet hat, können Schwarzspechte wirklich gut: Sie sind ein recht zuverlässiges Wetterorakel, zumindest was die kurzfristige Vorhersage von Schauern und Gewittern betrifft.

Ansonsten verhält sich ein Schwarzspecht arttypisch: Er baut seine Höhlen in alten Bäumen. Da er diese meist nur einmalig nutzt, hilft er anderen Tieren wie Hohltauben, Käuzen, Wildbienen und Fledermäusen, eine vorgefertigte Bleibe zu finden.

Schwarzspechte trommeln, um ihr Revier zu markieren: Dabei hacken sie mit schnellen Schlägen volltönend an abgestorbenen Ästen. So ein Trommelwirbel kann unglaubliche siebzehn Einzelschläge pro Sekunde erreichen. Durch das Trommeln, verbunden mit weithin hörbaren Rufen, markieren die Tiere ihre Reviergrenzen und zeigen dem weiblichen Objekt ihrer Begierde, wo der Herr zu Hause ist.

Mit einer Körperlänge von knapp einem halben Meter ist der Schwarzspecht der größte Specht in Europa. Sein schwarzes Gefieder und die markante rote Haube lassen keine Verwechslung zu. Zum Glück kommt er relativ häufig vor, sodass man ihn mit etwas Geduld leicht in freier Natur beobachten kann.

# Grünspecht

## Picus viridis

Some like it hot: Der Grünspecht liebt ein gewisses Prickeln auf seiner Zunge. Die ist aus gutem Grund bis zu zehn Zentimeter lang und recht klebrig: Seine Lieblingsbeute, Ameisen und deren Brut, kann er damit hervorragend aus ihren Gängen angeln. Die kleinen Krabbler wehren sich nach Kräften, doch ihre ätzenden Säurespritzer machen ihrem gefiederten Fressfeind nichts aus. Auch im Winter sind sie nicht vor ihm sicher. Grünspechte graben sich sogar durch den Schnee, um an Ameisennester zu gelangen.

Dichten Wald mag der farbenprächtige Grünspecht nicht: Er bevorzugt halboffene Landschaften mit ausgedehnten Althölzern, vor allem Waldränder und Streuobstwiesen. Der Ameisenfeinschmecker ist einer, der sich auch in urbaner Landschaft gut zurechtfinden kann. So verbreitet er sich zunehmend auf Industriebrachen. Im städtischen Bereich entdeckt er besonders Ortsränder und Gegenden mit altem Baumbestand für sich. Dort sind kleine Ameisenarten reichlich vertreten. Man erkennt ihr Vorkommen leicht an den kleinen Sandhäufchen zwischen Gehwegplatten und in Ritzen im Asphalt.

Grünspechte haben das ganze Jahr über etwas zu lachen. Zumindest könnte man dies aus ihren Lautäußerungen schließen. Damit grenzen sie auch ihr Revier ab. Das spechttypische Trommeln an Stämmen setzen sie nur selten ein. Wie alle ihre Verwandten brüten sie in Höhlen, die in das weiche Holz alter Bäume geschlagen werden. Hier sorgt der schlaue Specht auch langfristig vor: So mancher Baum wird gezielt angepickt, sodass er an der verletzten Stelle schneller fault. Nach einer gewissen Wartezeit lässt es sich so leichter in tiefere Schichten des Stammes hineinzimmern.

# Waldkauz

## Strix aluco

„Huh-Huhuhu-Huuuh" – der Schrei des Waldkauzes ist der Archetyp des nächtlichen Eulenrufes. Mag sein, dass er deshalb so vertraut klingt, weil er oft in Filmen auftaucht. Besonders dann, wenn Szenen bei Nacht phonetisch mit Spannung oder einem gewissen Gruseleffekt untermalt werden sollen.

Auf jeden Fall ist diese rund 40 Zentimeter große Eule recht häufig anzutreffen und besonders im Herbst und Winter zu hören. Obwohl der Waldkauz alte Laub- und Mischwälder bevorzugt, ist er auch regelmäßig in Nadelwäldern und in der Kulturlandschaft anzutreffen. Der Waldkauz ist enorm anpassungsfähig und besiedelt auch urbane Lebensräume. Er brütet in Parkanlagen, auf Friedhöfen und in Alleen sowie Gärten mit altem Baumbestand. Bleibt er ungestört, brütet er in direkter Nähe zum Menschen in Scheunen oder Schornsteinen alter Häuser. Diese Eule ist ein „Überall-Kauz".

Der Speisezettel des Waldkauzes ist vielseitig und reicht von Würmern, Käfern, Kröten und Vögeln bis zu kleinen Säugern wie Mäusen, die allesamt im Ganzen verschlungen werden. Die größeren Beutetiere knetet der Waldkauz in seinen Fängen erst einmal ordentlich durch, um sie leichter verdauen zu können. Unverdauliche Reste wie Knochen, Haare und Federn werden im Magen zusammengepresst und als Gewölle herausgewürgt.

Waldkäuze sind wendige und geräuschlose Flieger, die auch in dichten Baumbeständen schnell und sicher manövrieren können. Durch ihr ausgezeichnetes Gehör sind sie in der Lage, die Position von Beutetieren genau anzupeilen. Auch ihre Sicht ist fabelhaft: Ihr Kopf lässt sich bis zu 270 Grad drehen. Somit schauen sie, mit nach links gedrehtem Kopf, über die rechte Schulter. Das muss ihnen erst mal einer nachmachen.

Während das Waldkauz-Männchen sich auf Koloraturen von „Huhs" beschränkt, antwortet das Weibchen mit „Kuwitt". Abergläubische Menschen haben das früher in „Komm mit!" umgedeutet, und schon hatte der Kauz seinen Ruf als „Totenvogel" weg. Man dachte, er zeige an, dass jemand im Sterben liege. Um den Sensenmann abzuwehren, wurden die Vögel deshalb oft getötet und an die Haustür genagelt. Der eigentliche Grund für die Anwesenheit des unschuldigen Kauzes war jedoch sein Appetit auf Nachtfalter, die das Licht bei Nachtwachen am Totenbett angelockt hatte.

Um Waldkäuze zu sehen, muss man heute auf derlei Situationen nicht mehr warten: Dank seiner großen Anpassungsfähigkeit trifft man den Waldkauz fast überall an. Ansitzwarten, die der Vogel regelmäßig aufsucht, lassen sich durch die grauen Gewölle am Boden identifizieren. Mit etwas Glück kann man die nachtaktiven Eulen auch tagsüber beim Schläfchen in der Sonne erspähen, wenn aufgeregte Singvögel durch Zetern und Warnflüge den Aufenthaltsort des schläfrigen Jägers verraten.

# Uhu

## Bubo bubo

Viele Jahrzehnte lang war die größte Eule Europas in unseren Breiten ausgestorben. Mit allen Mitteln hatte man dieser faszinierenden Vogelart nachgestellt. In den 70er-Jahren hatte man über Auswilderungsversuche diesen scheuen Nachtvogel wieder heimisch werden lassen. Seit Anfang der 90er-Jahre ist er auch in Niedersachsen wieder mit erfolgreichen Bruten auf einem guten Wege.

Der bis zu 75 Zentimeter große Uhu ist durch seinen wuchtigen Kopf mit den großen Federohren, den großen orangeroten Augen und die kräftigen befiederten Beine von anderen Eulen leicht zu unterscheiden. Fast jeder kennt den oft als sympathischen weisen Vogel in vielen Geschichten beschriebenen nachtaktiven Greifvogel. Mit einer Flügelspannweite von etwa 1,80 Meter ist er eine eindrucksvolle Gestalt am Abendhimmel. Wenn er genügend Nahrung und Ruheplätze findet, wird er bis zu 25 Jahre alt.

Am Tage hält er sich bevorzugt in großen Kiesgruben und Steinbrüchen auf. Normalerweise lebt er in Wäldern aller Art, Gebirgsketten und neuerdings auch in Städten. Gerade hier ist sein Nahrungsangebot an Ratten, Mäusen, Igeln, Eichhörnchen, Kaninchen, Krähen, Ringeltauben und auch mal Aas sehr groß. Als Ansitzjäger ist er meist in der Abend- und Morgendämmerung auf Beutezug. Er beobachtet tagsüber genau, wo die Tauben und Krähen ihre Schlafplätze haben, und in der Nacht schlägt er zu. Sein ausgezeichnetes Gehör und seine scharfen Augen sind für ihn besonders bei hohen Schneelagen sehr wichtig. Zielsicher greift er sich die unter der Schneedecke laufenden Mäuse. Mitte der 80er-Jahre gab es noch reichlich Wildkaninchen, die wohl die Hauptbeute der Uhus waren. Nachdem die Menschen durch gezüchtete Krankheitserreger die Kaninchen an vielen Orten ausgerottet haben, ist auch für viele Uhus der bisher genutzte Lebensraum nicht mehr auskömmlich. Deshalb leidet er wie viele andere Beutegreifer an Nahrungsmangel und weicht seinerseits auf noch stärker bedrohte Arten als Nahrungsquelle aus. So wird er manchmal in Regionen mit seltenen Vogel- und anderen Kleintierarten zur großen Belastung. Naturschutz kontra Naturschutz. Je besser in diesen Flächen die natürlichen Strukturen sind, umso weniger negative Auswirkungen hat der jagende Uhu dort.

# Wasser und Moor

# Wasser und Moor

Wasser ist Leben. In der Heide weiß man das lebenspendende Nass besonders zu schätzen. Auch wenn es über eine lange Zeit reichlich geregnet hat, ist die Bodenoberfläche nach zwei bis drei Tagen wieder staubtrocken. Der hiesige Sandboden speichert kein Wasser – er lässt es einfach durchsickern.

Vor Urzeiten kam das Wasser nicht nur vom Himmel, sondern wurde aus dem hohen Norden in die Heide exportiert: Während der Eiszeiten schoben sich gigantische Gletscher bis weit in hiesige Lande voran. Sie zerstörten viel, doch schufen sie gleichzeitig eine neue Welt. Viele der heute erkennbaren Landschaftsspuren gehen auf die Weichsel-Kaltzeit zurück, die vor etwa 10.000 Jahren endete. Sie formte eine leicht gewellte Landschaft, brachte große Findlinge aus dem hohen Norden mit und gestaltete mit dem Schmelzwasser ihres Eispanzers die Gewässerlandschaft. Einige der durch Urstromtäler gebildeten Flüsse sind noch heute existent. Andere lassen sich nur noch als trockene Täler erkennen.

Die ersten hier siedelnden Menschen nutzten die natürlichen Gegebenheiten und ließen dem Wasser seinen Lauf. Ein radikaler Umbruch in der Naturnutzung begann erst vor rund einhundert Jahren.

Im Zuge der wirtschaftlichen Landgewinnung veränderten sich regionale Gewässer radikal. Feuchtwiesen und Moore legte man kurzerhand trocken. Um Wasser schnell abfließen zu lassen oder gezielt auf Rieselwiesen zu verteilen, wurden die Heideflüsse vielerorts begradigt und kanalisiert. Von natürlichen Flüssen blieben vielfach nur in künstlich steile Ufer gezwängte Ablaufrinnen zurück. Eine Störung des natürlichen Gleichgewichts, deren Folgen auch heute zu spüren sind. Von Jahr zu Jahr kommen vermehrt Starkregen vor, die teils verheerende Überschwemmungen auslösen können. Ein natürliches Flussbett mit naturbelassenen Feuchtgebieten im Umland würde diese Wassermassen viel leichter und schneller absorbieren.

Auch die Tier- und Pflanzenwelt leidet unter der modernen Wasserwirtschaft. Ihre Artenvielfalt dezimierte sich zusehends und ist nur schwer wiederherzustellen. Vielerorts versucht man seit einigen Jahren das Rad der Zeit zurückzudrehen. Die Maßnahmen zahlen sich bereits aus. Teile der Heideflüsse mäandern wieder in Ruhe und werden Heimat für Forellen und andere Wassertiere. Je mehr Leben in die Gewässer zurückkehrt, umso mehr Vielfalt hält auch an ihren Rändern Einzug. So siedeln sich an den Ufern seltene Arten wie Eisvögel, Otter und Libellen an. Auch die verbliebenen Moorflächen und Bruchwälder profitieren davon. Auf ehemals trockengelegtem Grund entwickelt sich wieder vielfältiges Leben.

Idealtypisch für die Heideregion sind Feuchtgebiete mit ruhigen Flussläufen, umsäumt von sumpfigen, mit Mooren durchzogenen Erlenbruchwäldern und angrenzenden Feuchtwiesen. Sie dienen als wertvolle Wasserspeicher und bieten zugleich geschützten Lebensraum für unzählige seltene Tier- und Pflanzenarten.

Doch trotz aller positiven Veränderungen bleibt ein Problem: Die zunehmende Versandung der Gewässer. Diese betrifft auch Flüsse und Seen in Naturschutzgebieten. Die Hauptursache ist das Verschwinden von Uferrandgebieten: Jahr für Jahr rücken Felder näher an die Flussläufe heran. Was den Landwirten zur Gewinnung zusätzlicher Fläche dient, bringt für den Natur- und Gewässerschutz weitere äußerst negative Auswirkungen mit sich. Viel zu viel sandiger Boden wird bei starken Regenfällen in die Wasserläufe geschwemmt. Und mit ihm jede Menge Dünger, der zu unnatürlichem Wachstum von Wasserpflanzen führt und das Leben in den Bächen zunehmend erstickt.

Die heimische wassernahe Fauna und Flora ist auf sauerstoffreiche, nährstoffarme und kühle Gewässer mit kiesigem Bachbett angewiesen. Diese idealen Bedingungen sind nach wie vor selten zu finden. Doch dort, wo Landwirte und Naturschützer Hand in Hand arbeiten, gibt es erste positive Entwicklungen. Eine wichtige Erkenntnis für die Zukunft: Solange die Vernunft regiert, braucht es keine neuen Gesetze.

# Orchideen

## Orchidaceae

Orchideen sind hochangepasste Spezialisten, die sich auch außerhalb tropischer Gefilde wohlfühlen. So wie ihre norddeutschen Verwandten, die mit einer erstaunlichen Vielfalt beeindrucken. Im Gegensatz zu ihren Namensvettern aus äquatornahen Gebieten fallen die heimischen Orchideenarten meist nicht durch ungewöhnlich geformte Blütenstände auf. Auch wachsen sie ausnahmslos am Boden, bevorzugt in Feuchtgebieten. Dort sind sie stark an bestimmte Bedingungen angepasst. Ändert sich ihr Lebensraum, etwa durch den Einfluss von Düngemitteln, verschwinden sie schnell – oft für immer.

Das Gefleckte Knabenkraut kommt auf feuchtem Magerrasen, in Nieder- oder Quellmooren und in lichten Wäldern vor. Die Moorlilie gedeiht auf sauren, torfigen Moorböden. Der Lungen-Enzian ist im norddeutschen Tiefland vor allem in Feuchtheiden und am Rand von Heideweihern zu finden.

Viele Orchideen leben symbiotisch mit Bodenpilzen zusammen, um so Nahrung zu gewinnen. Ihre Samen haben eine Eigenschaft, die für die Arterhaltung sehr von Vorteil ist: Sie bleiben für eine lange Zeit im Boden keimfähig. So ist es möglich, zerstörte Bestände auch nach Jahren wieder zu regenerieren. Leider sind naturbelassene, ungedüngte Feuchtgebiete in der weitestgehend kultivierten Landschaft sehr selten geworden. Daher ist und bleibt der Anblick heimischer Orchideen eine echte Seltenheit.

# Sonnentau

## Drosera

Sonnentau gehört zu den seltenen Pflanzen, die den Spieß umgedreht haben: Er dient Tieren nicht als Nahrung, sondern peppt seine Versorgung gezielt mit tierischer Kost auf. Das muss er auch, denn in seinem bevorzugt moorigen Lebensraum mangelt es an Stickstoff. Den gewinnt der Sonnentau aus Insekten, die er mit einer höchst effektiven Methode anlockt: An seinen Tentakeln glitzern verlockende Tropfen im Sonnenlicht, die an Tau erinnern – daher auch sein Name. Durstige Fluginsekten werden davon angezogen. Doch kaum lassen sie sich nieder, schnappt die Falle zu. Das besetzte Blatt mit seinen bis zu 200 hauchdünnen klebrigen Tentakeln umhüllt das Opfer und beginnt sogleich mit dem Zersetzungsprozess. Ist der Fang zu groß für eines der nur fingernagelgroßen Blätter, werden einfach weitere zu Hilfe genommen. Da kann das Insekt zappeln wie es will – es sieht einem unausweichlichen, oft langwierigen Todeskampf entgegen. Zurück bleibt nach mehreren Tagen nur ein wenig Chitin.

Das faszinierende Schauspiel des stillen Beutefangs kann man nur noch in wenigen verschwiegenen Moorflächen der Heide beobachten. Nicht umsonst genießen die botanischen Jäger einen hohen Schutzstatus.

# Wollgräser

## Eriophorum

Als ob es mitten im Sommer geschneit hätte – so sieht es manchmal aus, wenn im Moor die Sonne auf sich sacht im Wind wiegende Wollgräser scheint. Dabei erstrahlt hier keinesfalls die Blüte des Grases, sondern seine Früchte. Mit ihren langen weißen Hüllfäden sehen sie aus wie kleine Wattebäusche. Die zwei häufigsten Wollgräser, das Schmalblättrige Wollgras und das Scheidige Wollgras, sind in wiedervernässten Mooren wichtige Pionierpflanzen. Mit ihren faserigen Blättern zählen sie neben den Torfmoosen zu den wichtigsten Torfbildnern. Bevorzugt siedelr sich Wollgräser an den Rändern offener Wasserflächen an. Sie sind schön anzuschauen, aber sie warnen auch vor Gefahr: Dort, wo sie wachsen, geht es oft tief hinunter. Wie bei allen Moorpflanzen gilt: Besser Abstand halten, sonst gibt es ein Problem. Im besten Fall nur nasse Schuhe.

# Gagel

## Myrica gale

Er hat es in sich: Gagel ist leicht giftig und kann Rauschzustände hervorrufen. Bereits der längere Aufenthalt in Gagelbeständen kann zu Schwindel und Benommenheit führen. Menschen probierten die Wirkung der Pflanze schon früh aus und fanden Gefallen daran.

Im Volksmund wird der Gagelstrauch auch fälschlicherweise Porst genannt. Das verwirrt, denn Porst und Gagel sind zwar ähnlich, aber doch schwerlich miteinander zu verwechseln: Porst wird nur halb so groß wie ein Gagelstrauch, gehört zu den immergrünen Pflanzen und ist in Niedersachsen so gut wie ausgestorben. Lange vor dem Erlass des deutschen Reinheitsgebots fand der berauschende Gagel seinen Weg in Bierfässer. Jahrtausendelang wurde er dem kühlen, blonden Nass zugesetzt, da er die Wirkung des Alkohols verstärkte und dem Gebräu eine besondere Note gab. Manche Wikinger sollen sich mittels Gagel-Bier bis zur Berserker-Raserei betrunken haben. In der heutigen Zeit ist Gagel nicht nur aus dem Bier verschwunden, sondern muss auch in landwirtschaftlich genutzten Flächen immer weiter weichen. Die großflächige Abtorfung und Trockenlegung der Moore ließ keinen Platz mehr für dieses gehaltvolle Gewächs. Biotope, in denen Gagel heute noch wächst, sind selten geworden.

Dort, wo er noch vorkommt, ist Gagel aufgrund seiner beachtlichen Größe von bis zu eineinhalb Metern weithin sichtbar. Seine aromatisch duftenden Knospen kündigen das Frühlingserwachen in den Feuchtgebieten der Heide an.

# Flussperlmuschel

## Margaritifera margaritifera

Sie wirkt unscheinbar, doch sie hat viel zu bieten: Die Flussperlmuschel ist ein außergewöhnliches Lebewesen, kostbare Schmuckstücke bringt sie hervor. Vom 16. bis zum 18. Jahrhundert erlebte die Perlmuschel ihre Glanzzeit in der Lüneburger Heide. Damals beherbergten die Fluss- und Bachläufe der Lutter, Ilmenau, Luhe und Gerdau weitläufige Muschelbänke. Deren „innere Werte" waren heiß begehrt. Kein Wunder, denn die Qualität der Perlen stand denen aus dem Orient in nichts nach. Schnell wurde die Perlenfischerei zu einem lukrativen Wirtschaftszweig. Aus reiner Gewinnsucht der Perlensucher starben die Muscheln damals massenweise einen sinnlosen Tod. Statistisch enthält nur eine von 3.000 Muscheln eine kostbare Perle.

Auch aufgrund der radikalen Begradigung von Flussläufen gilt die heimische Flussperlmuschel heute als nahezu ausgestorben. Die Wiederansiedelung der streng geschützten Weichtiere ist eine Herkulesaufgabe. Ein wichtiger erster Schritt war die Renaturierung einiger Flussabschnitte vor allem in Naturschutzgebieten. Doch auch hier kann man den zunehmenden Einfluss von Dünger und Sand, die von nahen Landwirtschaftsflächen eingeschwemmt werden, nicht aufhalten.

Schwierige Voraussetzungen für die Flussperlmuschel, deren Lebensgrundlage hochkomplex und faszinierend zugleich ist. Sie braucht Bachforellen, die quasi als Geburtshelfer fungieren. Es gibt keine Alternative für diese hochspezialisierte Symbiose: Keine andere Fischart, nicht mal die Regenbogenforelle, kommt als Zwischenwirt in Frage. Jedes Jahr im Sommer laicht die Muschel und setzt Millionen von mikroskopisch winzigen Larven frei. Diese treiben im Wasser und haben nur einige Tage Zeit, um von den Kiemen einer Bachforelle eingesogen zu werden. Ist der Zufall der Larve gnädig, haftet sie durch eine Art chemischer Reaktion im Kiemenbogen der Bachforelle an und ernährt sich parasitär von deren Blut. Sie überwintert im Wirtsfisch, durchläuft dabei eine Metamorphose zur Minimuschel und wird ein Jahr später herausgespült – ein echtes Wunder der Natur. Finden sie ein kiesiges Bachbett, verankern sich die Muschelbabys an einem Stein. Dort können sie unglaubliche 80 bis 110 Jahre leben. Nahrung erhält die Muschel durch den Fluss sozusagen frei Haus: Sie filtert Plankton und Nährstoffe aus dem Wasser. So wächst das Muschelkind in fünf Jahren auf einen Zentimeter Länge heran. Ausgewachsene Muscheln messen rund vierzehn Zentimeter.

So ist diese extrem spezialisierte Lebensform von optimalen und vor allem langfristig guten Bedingungen abhängig. Selbst wenn der komplizierte Vorgang von der Larve zur Minimuschel geglückt ist: Eine Decke aus Sand macht alles zunichte. Die Muscheln brauchen, wie auch ihr Wirtsfisch, unbedingt ein kalkarmes, gut beschattetes, sommerkühles und sauerstoffreiches Fließgewässer mit feinkiesigem Bachbett zum Überleben.

Früher waren die Muscheln ein begehrtes Wirtschaftsgut. Perlen aus Heidebächen schmücken sogar die britischen Kronjuwelen. Die heutigen Hüter der Flussperlmuschel hüllen sich zu den aktuellen Vorkommen in Schweigen. Man kann es ihnen nicht verdenken. Zu sehr fürchten sie um die raren Bestände. Vielleicht verändert das Wissen um die Lebensbedingungen dieser Tierart den Blick auf die Gewässerlandschaft. Dort, wo natürliche Flussläufe mäandern und Kies statt Sand die Gewässersohle bedeckt, findet man vielleicht einen Vertreter der uralten Muschelart.

# Ringelnatter

## Natrix natrix

Die bis zu einen Meter lange Schlange ist – anders als viele andere ihrer Art – eine gute Schwimmerin. Das hängt mit ihrer Ernährung zusammen: Meist stellt sie Amphibien, besonders Fröschen, nach. Auch Kleinfische schnappt sie gern. Die Ringelnatter besiedelt feuchte Biotope an Bächen, Tümpeln und Seen. Die Tiere sind oftmals weit entfernt von Gewässern auf feuchten Wiesen oder an Waldrändern anzutreffen.

Ihre Eier legen die Schlangen bevorzugt in verrottendem organischen Material ab, das im besten Fall durch den Zersetzungsprozess Wärme produziert. Solche Orte, wie etwa Schilfhaufen oder Baumstümpfe, werden oft von mehreren Weibchen angesteuert und als Kinderstube genutzt. Die ungiftigen Nattern sind gute Schauspielerinnen. Werden sie festgehalten, ziehen sie sämtliche Register: Sie winden sich heftig, verspritzen das stark stinkende Sekret ihrer Postanaldrüsen und stellen sich sogar tot: Bei dieser Schreckstarre – „Thanatose" genannt – liegt die vollkommen schlaffe Ringelnatter mit geöffnetem Maul auf dem Rücken, manchmal tritt sogar etwas Blut aus dem Maul hervor. Ein Anblick, der auf Beutegreifer unappetitlich wirken soll. Bei insgesamt guten Bedingungen in ihrem Umfeld können Ringelnattern über zwanzig Jahre alt werden.

Durch Entwässerung von Feuchtgebieten wurden und werden Lebensräume der Ringelnatter vernichtet. Der Schutz natürlicher Gewässer mit reich strukturierten Ufern kommt den Schlangen zugute. Davon könnten – zumindest nach einem alten Volksglauben – auch die Menschen profitieren, denn die Ringelnatter galt früher als Glücksbringer. Man sagte, dass Ringelnattern, die in der Nähe des Menschen leben, kleine Kinder bewachten, Haus und Vieh schützten und ganz allgemein Glück brächten.

# Erdkröte

## Bufo bufo

Erdkröten sind eine der häufigsten Amphibienarten Europas, die auch in der Heide zahlreich verteten sind. Das kommt nicht von ungefähr: Sie besiedeln ein breites Spektrum an Lebensräumen mit stehenden Gewässern. Dort laichen und leben sie von Frühjahr bis Herbst. Im Winter ziehen sie sich in bis zu fünf Kilometer enfernte Verstecke unter Laub und Erde zurück. Mit der ersten Sonnenwärme des Frühjahrs erwachen die Winterschläfer und kriechen aus ihrem Unterschlupf. Der Ruf der Natur zieht sie dann zur Stätte ihrer Geburt zurück.

Besonders für die weiblichen Kröten ist das ein beschwerlicher Gang. Rund 600 Meter kommen sie täglich voran und schleppen dabei oft noch ein paarungsgieriges Männchen huckepack mit: Die deutlich kleineren Krötenmännchen bedrängen die Damen auf äußerst ungalante Art und Weise und versuchen, ihren Rücken zu erobern. Wer den Kampf gewinnt, klebt sich vorsorglich fest und verteidigt seine Position mit wütendem Gequorkse und strampelnden Beinen.

Die Hauptgefahr für Kröten während der Laichwanderung ist der Straßenverkehr. Jedes Jahr werden tausende der behäbigen Tiere schlicht plattgemacht. Wenn auf einer Straße statistisch gezählte neun Autos pro Stunde fahren, liegt die Überlebenswahrscheinlichkeit wandernder Erdkröten wissenschaftlichen Untersuchungen zufolge bei unter 20 Prozent. Man kann spekulieren, wie viele noch übrigbleiben, wenn die Verkehrsdichte höher ist. Tierschützer retten alljährlich ungezählte der grünbraunen, pockigen Wanderer, indem sie an Straßen Zäune aufstellen, die daran entlangwandernden Kröten einsammeln und über die Straße zu ihren Laichgewässern bringen. Auch dauerhafte Kröten-Tunnel unter Straßen haben sich bewährt. Trotzdem bleibt es ein Wunder, dass Erdkröten noch so reichlich anzutreffen sind.

Gegen Autos kann sich die Erdkröte nicht wehren, ihren Fressfeinden begegnet sie mit chemischen Waffen. Der Begriff „eine Kröte schlucken" kommt nicht von ungefähr: Erdkröten sondern ein diverse Gifte enthaltendes Hautsekret ab, das sie nicht nur ungenießbar macht, sondern für einige Tiere auch tödlich ist. Das mussten sogar schon Seelöwen in Hagenbecks Tierpark in Hamburg erfahren. In ihr Gehege waren Erdkröten geraten. Die neugierigen Seelöwen spielten mit den Kröten, fraßen sie und starben an dem Gift.

# Frösche

## Ranidae

Frösche sind allgegenwärtig. Wo immer es stehende Gewässer gibt, findet man sie reichlich am Uferrand oder auf den Blättern von Wasserpflanzen sitzend. In den Feuchtgebieten der Heide kommen zumeist Wasser-, Teich- und Moorfrösche vor. Menschliche Umgebung scheuen sie keineswegs – ganz im Gegenteil. Besitzer eines Gartenteichs wissen es genau: Hören sie doch ihre Untermieter besonders in lauen Sommernächten lauthals knöttern und quaken. Menschen reagieren sehr unterschiedlich auf dieses Freihaus-Konzert: Während es auf die einen wie schlafförderndе Gutenachtmusik wirkt, würden andere den grünen Ruhestörern am liebsten den Hals umdrehen.

Von den eher korpulenten und behäbigen Kröten unterscheiden sich Frösche durch ihren schlankeren Körperbau, eine glatte, feuchte Haut und Schwimmhäute zwischen ihren Zehen – vor allem aber durch ihre Sprungkraft. Bei Gefahr hüpfen sie mit einem weiten Satz ins Wasser und setzen dann auf einen ganz speziellen Trick: Unter Wasser schwimmen sie sofort in Richtung Absprungstelle zurück und verharren dort, bis sie glauben, die Gefahr sei vorüber. Das mag Prädatoren zunächst verwirren. Allerdings nur so lange, bis sie den Kniff durchschaut haben. Danach ist Fröschefangen ein Kinderspiel.

Das Erhalten sonniger Weiher, Tümpel und Moore, die selten austrocknen, gehört zu den wichtigsten Schutzmaßnahmen für alle Arten von Amphibien. Für Störche, Reiher und Rallen wie auch für Iltisse und Fischotter stellen Frösche eine wichtige Nahrungsgrundlage dar.

# Grüne Krabbenspinne

## Diaea dorsata

Dwaarslöper nennt man auf Plattdeutsch Krabben im Watt, weil sie sich seitwärts – also „dwaars" – bewegen. Sie sind nicht die einzigen Tiere, die durch diese ungewöhnliche Fortbewegungsart auffallen. Es gibt auch eine Spinne, die gerne quer zur vermeintlichen Laufrichtung unterwegs ist. Sie heißt allerdings nicht „Dwaarsspinn", sondern in bestem Hochdeutsch Krabbenspinne.

Ihre vorderen zwei Beinpaare sind extrem weit seitlich gestellt, sodass sie wie eine Krabbe laufen kann. Die Vorderbeine dienen jedoch nicht nur zur flexiblen Fortbewegung: Die Männchen benutzen sie auch für Balz-Gefechte, wo sie im sogenannten Kommentkampf hervorragende Dienste leisten. In Sachen Kommentkampf haben die winzigen, bis maximal sieben Millimeter großen Spinnen eine Gemeinsamkeit mit den Tieren, die aus ihrer Sicht als Giganten erscheinen: Genauso wie kapitale Hirsche kämpfen auch die Männchen der Krabbenspinne hart aber fair um paarungswillige Weibchen. Es geht darum, den Gegner in die Flucht zu schlagen. Allerdings ohne ihn ernsthaft zu verletzen.

Wie bei fast allen Tierarten ist das Balzritual der Spinnenmännchen langwierige Arbeit: Stundenlang umkreist man sich mit aufgerichteten Vorderbeinen. Hat das noch nicht genug abschreckende Wirkung beim feindlichen Spinnenmann gezeigt, wird durch gezielte Kopfstöße nachgeholfen. Spätestens dann sollte der Sieger feststehen. Dieser kann sich nun dem am seidenen Faden wartenden Weibchen widmen.

Die Krabbenspinne hat keinen festen Schlupfwinkel und baut keine Fangnetze. Sie lauert kleineren Insekten auf, die sie blitzschnell mit den Vorderbeinen erfasst, überwältigt, mit einem gezielten Giftbiss lähmt und aussaugt. Ihr Erfolg beweist, dass man als Spinne auch ohne Netz bestens zurechtkommen kann: Die Krabbenspinne ist in Europa weit verbreitet und wird als „nicht gefährdet" eingestuft.

# Gerandete Jagdspinne

## Dolomedes fimbriatus

Mit einer Körperlänge von über zwei Zentimetern und langen, kräftigen Beinen zählt die Gerandete Jagdspinne zu den größten deutschen Spinnenarten. Sie bevorzugt wassernahe Lebensräume wie Moore, Feuchtwiesen oder Bruchwälder. Da diese Lebensräume immer mehr zurückgehen, ist auch die Gerandete Jagdspinne seltener geworden und auf der „Roten Liste" als „gefährdet" eingestuft.

Die Jagdspinnen machen als Lauer- oder Anschleichjäger Beute. Dabei sind sie nicht nur an Land erfolgreich. Dank dichter, feiner Härchen an den Beinen können sie sprichwörtlich übers Wasser gehen. Nicht tief aber immerhin: Für den Fang von Kaulquappen oder Fischbrut tauchen sie sogar unter.

# Wolfspinnen

## Lycosidae

Wolfspinnen sind aktive Jäger, die ohne raffinierte Netze auskommen. Sie lauern ihren Beutetieren auf, um sie dann blitzschnell zu überwältigen. Acht Augen, die in drei Reihen angeordnet sind, bilden die Basis für ihren ausgeprägten Gesichtssinn. Viele Wolfspinnen bewohnen mit Spinnenseide ausgekleidete Erdhöhlen. Andere leben in der Krautschicht oder zwischen Steinen, wo sie sich Wohngespinste anlegen.

Nachts verlassen sie ihr Versteck, um an geeigneten Plätzen auf ihre Beute zu warten. Ihre Kieferklauen können sogar die menschliche Haut durchbeißen. In ernsthafte Schwierigkeiten bringt solch ein Biss den Menschen aber nicht.

Beeindruckend ist die Brutfürsorge der Wolfspinnen, von denen es in Deutschland etwa 100 Arten gibt. Sie heften ihren Eikokon an ihre Spinnwarze und tragen ihn mit sich herum, um so den Nachwuchs zu schützen. Die geschlüpften Jungtiere klettern auf den Rücken der Mutter und lassen sich umhertragen. Bis zu 100 kleine Wolfspinnen hängen an den Haaren der Mutter. Das Elterntier verzichtet in dieser Zeit auf die Jagd, um die Gefahr für die Jungtiere klein zu halten. Da Spinnen sehr empfindlich auf Veränderung in ihrem Habitat reagieren, ist es möglich, selbst geringfügige Veränderungen der Umwelt am Verhalten der Spinnenfauna zu erkennen.

# Libellen

## Odonata

Libellen sind echte Wunder der Natur und das in vielfältiger Hinsicht. Sie zählen zu den elegantesten Fliegern unter den Insekten. Da sie ihre Vorder- und Hinterflügel getrennt voneinander steuern können, verfügen sie über eine schier unglaubliche Manövrierfähigkeit: Sie können in der Luft stehen und sogar rückwärts fliegen. Schon beim Beobachten ihrer Kapriolen könnte einem schwindelig werden. Kein Wunder, dass Ingenieure das Flugprinzip für Hubschrauber bei Libellen abgeschaut haben. Allerdings ohne mit der heutigen Technik auch nur entfernt an die fliegerische Virtuosität der Insekten heranzukommen.

Vor 300 Millionen Jahren, lange vor den ersten Dinosauriern, bevölkerten bereits riesige Libellen mit einer Flügelspannweite von über 70 Zentimetern die Erde. Die Dinos sind ausgestorben. Libellen haben überlebt und zählen in hiesigen Gefilden noch heute zu den größten Insekten – deutlich kleiner als ihre Urväter, aber in faszinierender, farbenprächtiger Vielfalt.

Obwohl sie Räuber sind und wegen ihrer Größe bedrohlich wirken können, sind sie völlig harmlos für Menschen: Sie stechen und beißen nicht.

Neben den fliegerischen sind auch die optischen Fähigkeiten von Libellen einzigartig. Bis zu 30.000 Einzelaugen (Ommatidien) mit je einer Linse befinden sich in einer Gruppe zusammengefasst rechts und links des Libellenkopfs. Dieser ist zur besseren Rundumsicht nahezu vollständig drehbar. Die Schnelligkeit der Bilderfassung in jedem Auge übersteigt mit 175 Einzelbildern pro Sekunde jede menschliche Dimension. Zum Vergleich: Ein normales Menschenauge kann rund 20 Bilder pro Sekunde verarbeiten. Kein Wunder also, dass die Flugkünstler ihre Insektenbeute mühelos im Flug fangen können.

Libellen haben zwei Lebenszyklen: Den ersten verbringen sie im Wasser. Dort schlüpfen sie als Larve aus dem Ei und verbringen hier wenige Monate oder einige Jahre, bis sie sich in ein flugfähiges Insekt verwandeln und der zweite Zyklus beginnt. Daher ist es für Libellen von immenser Bedeutung, dass sie natürliche und stabile Bedingungen vorfinden. Libellen sind somit natürliche Bio-Indikatoren: Ihr reichhaltiges Vorkommen spricht für den guten Zustand der Natur.

# Fischadler

## Pandion haliaetus

Ihn zu sehen ist eine Seltenheit, ihn auch zu erkennen, erfordert einiges Wissen. Der Fischadler zählt zu den kleineren Vertretern seiner Gattung. Viele Menschen können ihn kaum von einem hellfarbenen Bussard unterscheiden. Das ist auch kein Wunder. Fischadler sind extrem selten und zudem äußerst menschenscheu. In der Heide kann man sie nur dort antreffen, wo es geschützte Refugien gibt.

Jahrzehntelang wurde der Fischadler in weiten Teilen Deutschlands durch menschliche Verfolgung dezimiert. Weitere Bestandseinbrüche erlitt die Art durch das Pestizid DDT, das sich in aquatischen Nahrungsketten besonders stark anreichert und die Fortpflanzung des Fischadlers gehemmt oder verhindert hat. In Niedersachsen galt der Fischadler lange Zeit als ausgerottet. Seit dem Verbot von DDT Anfang der 1970er-Jahre haben sich die Bestände deutschlandweit wieder erholt. 1991 wurde auch in der Lüneburger Heide erstmals wieder ein Brutpaar dokumentiert.

Fischadler brauchen zur Brut abgeflachte Kronen von uralten, einzeln stehenden Bäumen, die fernab jeglicher menschlicher Störung einen guten Überblick bieten. Bedingungen, die nur noch selten in den hiesigen Wäldern gegeben sind.

Um die seltenen Greifvögel trotzdem anzusiedeln, wurden künstliche, sorgfältig ausgestattete Horste in geeigneter Umgebung in Naturschutzgebieten installiert. Man setzte dabei auf die Wahrnehmung der Fischadler, die sich auf dem Rückflug aus ihren südafrikanischen Winterquartieren nach Nistplätzen umschauen. Eine Maßnahme, die schnell von Erfolg gekrönt war. Heute leben wieder mehrere Fischadler-Brutpaare in Niedersachsen. Mit hoher Sicherheit ist davon auszugehen, dass sich die standorttreuen Vögel auch in den folgenden Generationen langfristig etablieren.

Fischadler sind virtuose und äußerst kampflustige Jäger. Besonders während der Brutzeit kennen sie keine Verwandten: Mutig greifen sie auch die deutlich größeren Seeadler an, sobald diese in ihr Revier eindringen.

# Seeadler

## Haliaeetus albicilla

Kein Vogel in deutschen Lüften kann es mit der Größe des Seeadlers aufnehmen. Noch immer ist er ein seltener Anblick. Seeadler in der Heide? Das erwartet man nicht unbedingt. Staunend blickt man daher in den Himmel, wenn das deutsche Wappentier seine imposanten Kreise zieht.

Mit unglaublichen zweieinhalb Metern charakteristisch kantiger Flügelspannweite ist der Seeadler der größte Vogel Mitteleuropas. Er ist zudem traditionelles Symbol für deutsche Politik. Ziert er doch den Bundestag und viele Dienstzeichen und Flaggen mit seinem Konterfei.

Im 19. Jahrhundert waren Adler noch in ganz Europa verbreitet. Doch intensive Bejagung, Vergiftung durch Pestizide und gezielte Vertreibung aus angestammten Brutplätzen führten zur fast vollständigen Ausrottung der imposanten Greifvögel in Deutschland. So war der Seeadler eine lange Zeit zwar nicht von der politischen, aber von der natürlichen Bildfläche verschwunden. Mittlerweile sind die Bestände wieder im Aufwind. Besonders das Verbot des Pestizids DDT und strengste Schutzmaßnahmen haben in den letzten 30 Jahren zur Umkehr des fatalen Trends geführt. Sowohl der Seeadler, als auch Fisch- und Steinadler erobern sich ihre Reviere zurück.

Seeadler siedeln sich im Umfeld größerer natürlicher Gewässerlandschaften an. Die norddeutsche Heideregion bietet mit unzähligen kleineren Seen, Flussläufen und ausgedehnten geschützten Arealen ideale Bedingungen für die Heimkehr der menschenscheuen Vögel. Ungestörte Refugien zum Nisten und für die Aufzucht ihrer Jungen sind unabdingbar – ebenso wie eine Vielfalt an Fischen, Wasservögeln, Hasen und Kleingetier, die als Hauptnahrungsquelle der Adler dient. Aber nicht nur frische Ware bestimmt das Menü: Mit verendeten Wildtieren wird der Speiseplan gerne ergänzt.

Menschliche Nähe vertreibt die Greifvögel schnell von ihren Brutplätzen. Nicht umsonst beziehen sie ihr ganzjähriges Revier bevorzugt in Naturschutzgebieten. Hat ein Seeadler einen ungestörten Nistplatz gefunden, bleibt er dem Standort sein Leben lang treu. Das können über 20 Jahre sein.

Die imposanten Horste werden in Kiefern oder Rotbuchen sehr grob aus Ästen umliegender Bäume gestaltet, allerdings bestens gepolstert mit Gras und Moos. So eingebettet erblicken jährlich im April bis zu zwei Jungadler erstmals die Sonne über dem Nest. In Niedersachsen gibt es aktuell 42 Seeadlerreviere. Die Rückkehr des Seeadlers macht alle Naturfreunde zu Recht stolz. Gute Aussichten für die Zukunft.

Außerhalb der Naturschutzgebiete kann man tagtäglich Adler auf ihrem Beutezug beobachten. Sie fliegen in einem beachtlichen Radius von bis zu 30 Kilometern um ihre Nistplätze. Über den Arealen mit Seen und Wasserläufen lohnt es sich, den Himmel im Blick zu behalten. Anhand der ungewöhnlichen Größe und des lässig ruhigen, kraftvollen Flügelschlags wird man den Seeadler sofort erkennen. Ein bisschen Geduld gehört natürlich dazu.

# Eisvogel

## Alcedo atthis

Wie fliegende Aquamarine blitzen sie über den Heidegewässern auf: Dass Eisvögel sich hier wieder in die Fluten stürzen, ist ein sehr gutes Zeichen. Denn wo Eisvögel vorkommen, da ist die Flusswelt in Ordnung. Eisvögel besiedeln gerne natürliche, klare Gewässer mit ausreichend Kleinfischbestand. Seit es mehr und mehr renaturierte Wasserläufe in der Region gibt, kommt der selten gewordene Vogel wieder deutlich häufiger vor.

Mit Stoßtauchen von passender Ansitzwarte aus fängt der Eisvogel seine Nahrung. Dabei stürzt er wie ein Pfeil mit angelegten Flügeln tief ins Wasser. Kleinere Beutetiere werden mit dem dolchartigen Schnabel direkt erlegt und sofort verputzt. Größere Fische zieht der kleine Jäger aus dem Wasser und schüttelt sie entweder tot oder schlägt sie solange auf einen Ast, bis sie wehrlos sind. Kopf voran werden sie verschluckt. Die „Kopf-voran-Taktik" hat ihren Sinn: So rutscht die Beute einfach besser runter. Anderenfalls könnten sich im Schlund die Schuppen des Fisches widerspenstig sträuben. Wer seine Beute im Ganzen verschlingt, braucht eine gute Strategie zur Resteentsorgung. Eisvögel würgen daher unverdauliche Reste kurz nach der Mahlzeit wieder heraus.

Futter nutzen Eisvogelmännchen auch als Lockmittel bei der Brautschau. Mit einer kleinen Verbeugung wird dem Weibchen ein kleines Fischlein vorgezeigt. Findet die Angebetete Gefallen daran, quittiert sie es mit damenhaft scheuem Geflatter. Haben sich zwei gefunden, wird gemeinsam gebrütet. An Teich- oder Flußufern mit lotrechten Steilwänden aus Lehm oder festem Sand graben die kleinen, bunt schillernden Vögel mit ihrem Schnabel eine tiefe Nisthöhle. Bis zu zwei Bruten im Jahr können hier groß werden. Der schlimmste Feind des Eisvogelnachwuchses ist das Wetter. Wenn Starkregen und Hochwasser auftreten, werden die Nisthöhlen überflutet und alle Mühe war umsonst. Auch kalte Winter setzen den seltenen Vögeln zu: Wenn Wasserflächen über eine lange Zeit zufrieren, ist der Beutefang unmöglich und es droht der Hungertod.

Eisvögel sind überaus scheu. Schon durch kurzzeitige Störung kann eine Brut verloren gehen. Die Altvögel wagen es nicht mehr, ihre Jungen zu versorgen. Dieser Vogel braucht – so quirlig er selbst ist – für die Aufzucht der nächsten Generation einfach seine Ruhe.

# Waldwasserläufer

## Tringa ochropus

„Go West" heißt es seit einigen Jahrzehnten für den Waldwasserläufer, der sein Vorkommen immer weiter in Richtung Mitteleuropa verlagert hat. Deshalb kann man die schnellen Läufer seit einigen Jahren auch in der Heideregion wieder beobachten. Die zur Familie der Schnepfen gehörenden Vögel bevorzugen – wie ihr Name schon sagt – feuchte, waldnahe Gebiete.

In Flachwasserzonen an Fluss- und Seeufern machen Waldwasserläufer mit langem spitzen Schnabel Jagd auf kleine Krebstiere, Larven und Wasserinsekten. Schwanzwippend flitzen die Vögel dabei geschäftig hin und her.

Energiesparender gehen sie beim Nestbau vor. Während ihre Verwandten fast ausnahmslos Bodenbrüter sind, die ihre Kinderstube sorgfältig aussuchen und gestalten, übernehmen Waldwasserläufer einfach fertige Brutplätze in luftiger Höhe. Bevorzugt in sumpfigen Bruchwäldern machen sie es sich in verlassenen Nestern von Krähen gemütlich.

„Go North" dürfte es der Einschätzung von Wissenschaftlern zufolge für den Waldwasserläufer in Zukunft heißen. Wie viele am Wasser lebende Vögel ist seine Art vom Klimawandel besonders betroffen. Zunehmende Wetterextreme machen den Tieren zu schaffen. Sie brauchen ein gewisses Maß an Stabilität, besonders während der Brutzeit. Wochenlange Trockenperioden wirken sich genauso negativ aus wie massiver Starkregen oder hohe Temperaturschwankungen. Warum das so ist, lässt sich leicht erklären: Nicht nur die Vögel brauchen einen ruhigen Lebensraum für die Entwicklung der nächsten Generation, auch ihre Nahrungstiere sind von einer gewissen Konstanz abhängig.

Waldwasserläufer sind Zugvögel, die die meiste Zeit des Jahres im warmen Mittelmeerraum, in Asien oder Afrika verbringen. Für eine relativ kurze Brutphase von drei bis vier Monaten kehren sie in hiesige Gefilde zurück. Dass es den Waldwasserläufer vermehrt auch wieder in die Heideregion zieht, ist ein Indiz dafür, dass sich Naturschutzmaßnahmen hier auszahlen. Überall dort, wo natürliche Feuchtgebiete erhalten werden oder in Folge von Renaturierungsmaßnahmen wiederbelebt wurden, sind Waldwasserläufer zu beobachten.

# Flussregenpfeifer

## Charadrius dubius

Dass er sandige oder kiesige Böden liebt, sieht man ihm an – oder eher nicht. Solange er sich nicht bewegt, verschmilzt der Flussregenpfeifer fast mit seiner natürlichen Umgebung. Für den wassernahen Bodenbrüter ist diese Tarnung eine wichtige Überlebensstrategie, die aber nur noch in menschenfernen Gebieten gut funktioniert. Flüsse, an deren Rändern er gerne lebt, gaben ihm seinen Namen – wie auch der Regen, der ihm heute oft zum Verhängnis wird.

Die Entwicklung der kleinen Wasseranrainer hängt direkt mit menschlichem Tun zusammen. In den Zeiten fortschreitender Gewässerbegradigung und damit einhergehender Überschwemmungsgefahr von Uferbereichen wurden Flussregenpfeifer immer seltener. Auch die durch den Klimawandel zunehmenden, starken Regenfälle fordern ihren Tribut: Sie spülen die Nester fort, die Brut ertrinkt.

Die Vögel versuchen sich anzupassen und nutzen auch von Menschen geschaffene Wassergebiete. Doch die Strände von Baggerseen sind Freizeitgebiete und keine sicheren Naturhabitate. Selbst vorsichtige Menschen übersehen Nester am Boden sehr leicht. Ideale Lebensbedingungen finden Flussregenpfeifer in geschützten, naturbelassenen Gebieten, wo es noch kiesige Verlandungszonen im Uferbereich von Flüssen gibt. Hier können die Vögel sicher und langfristig überleben.

# Rohrweihe

## Circus aeruginosus

Die Rohrweihe ist ein Charaktervogel ausgedehnter Röhrichte. Sie brütet am Boden hauptsächlich in Feuchtgebieten, manchmal auch auf Getreidefeldern. Mit einer Flügelspannweite von bis zu 1,30 Meter sind Rohrweihen ungefähr so groß wie Bussarde, haben aber einen deutlich schlankeren Körper und schmalere Flügel.

Zu sehen sind die akrobatischen Flieger in unseren Breiten nur von März bis Ende Juli, also relativ kurz. Die meiste Zeit des Jahres verbringen sie in ihren Winterquartieren im Süden und Westen Europas. Leicht, mit weit ausgebreiteten Schwingen schweben sie im Sommerwind dahin: Wie auch bei der häufiger vorkommenden Gabelweihe (Roter Milan) ist ihr Anblick imposant und beeindruckend.

Kleinere Vögel und besonders deren Jungtiere müssen die seltenen Greifvögel allerdings fürchten: Die Nahrung der schnellen Jäger besteht fast ausschließlich aus Enten, Rallen und Singvögeln. Auch Mäuse, junge Bisame und Junghasen werden nicht verschmäht.

Rohrweihen sind nach wie vor durch fortschreitende Zerstörung ihres Lebensraumes und ganz besonders durch Störungen der Brutgebiete gefährdet. Von April bis Mitte Juli sollte man verschwiegene Teiche und Schilfpartien möglichst meiden. Die meisten der dort brütenden Vögel sind scheu und haben große Fluchtdistanzen zu Menschen. Rücksichtnahme hilft!

# Wasseramsel

## Cinclus cinclus

Dass Amseln gerne baden, ist bekannt. Die Wasseramsel sucht aber nicht nach Pfützen. Sie liebt das feuchte Elixier klar, frisch, sauerstoffreich und fließend. Auch ist sie keine Amsel im eigentlichen Sinne sondern gehört zu den Sperlingsvögeln. Der etwas rundliche, kontrastreich gezeichnete Vogel ist ungefähr so groß wie ein Star. Als einen solchen kann man sie durchaus bezeichnen, denn in der Heideregion ist sie sehr selten und genießt nicht nur bei hiesigen Vogelfreunden freudige Aufmerksamkeit.

Agil, mit kurzem, oft aufgestellten Schwanz bewegen sich Wasseramseln flink hin und her. Nicht nur das haben sie mit Zaunkönigen – die ihre nächsten Verwandten sind – gemeinsam. Auch ihre filigran gebauten Kugelnester ähneln einander. Versteckt in Höhlungen und Nischen am Flussufer, unter Brücken oder in Flussmauern flechten Wasseramseln mit Sorgfalt die Kinderstube für zwei Bruten im Jahr. Beide Eltern versorgen ihre Jungen mit allerlei kleinem Getier, das sich unter und über der Wasseroberfläche finden lässt. Denn anders als alle Singvögel können die Wasseramseln auch schwimmen und tauchen.

Wie bei allen Wasservögeln wird das Gefieder regelmäßig wasserabweisend eingefettet. Zusätzlich besitzen Wasseramseln eine schützende Haut über ihren Augen, mit der sie auch blinzeln können. Zur Kommunikation wird eifrig gezwitschert und gesungen. Auch federn Wasseramseln ständig in den Knien auf und ab. Diese, wie kleine Verbeugungen aussehenden Kniebeugen, adaptieren bereits Jungvögel, sobald sie das Nest verlassen haben.

An klaren, kiesreichen Flüssen gibt es wenige, aber immerhin erste Vorkommen der seltenen Heidebewohner. Oft überwintern sie hier auch, denn Kälte schreckt sie nicht. Die Formel für ihr häufigeres Vorkommen ist wie immer einfach: je mehr Natur, umso besser.

# Kormoran

## Phalacrocorax carbo

Er war 2010 „Vogel des Jahres", doch seinem Image hat dies nicht wirklich geholfen. Der Kormoran gilt als gieriger und extrem intelligenter Fischräuber. Daher wird er von Fischteichbesitzern und Anglern nicht gerne gesehen.

Belege für eine massive Verfolgung des Kormorans mit Zerstörung von Brutkolonien gibt es seit der zweiten Hälfte des 17. Jahrhunderts. Jahrzehntelang waren die fliegenden Jäger daher aus ihrem eigentlichen Heimatgebiet so gut wie verschwunden. Erst durch konsequenten Schutz dank der EG-Vogelschutzrichtlinie von 1979 konnten sie sich wieder ausbreiten.

Die etwa gänsegroßen schwarzen Vögel mit auffallend hellem Schnabel treten häufig in Fluggeschwadern von 10 bis 15 Tieren auf. Sie gehen auch gerne gemeinschaftlich auf die Jagd. An den Beutefang unter Wasser sind sie extrem gut angepasst: Bis zu 90 Sekunden lang und 30 Meter tief können die Vögel tauchen. Dabei erbeuten sie bevorzugt Fische, die sie mit Hilfe des nach unten gebogenen Schnabelendes auf den Haken nehmen. Vor allem stehen häufig vorkommende Weißfische wie Rotaugen, Brassen und andere Kleinfische auf ihrem Speiseplan. Nach den Tauchgängen sieht man sie in ufernahen Bäumen sitzen, wo sie ihre Schwingen zum Trocknen ausbreiten oder kurz ruhen.

Für Fischzuchtanlagen können Kormorane zum echten wirtschaftlichen Problem werden. In den Teichen voller Beutefische richten sie massive Schäden an. Neben wirksamen Vergrämungsmaßnahmen ist auch die Tötung manchmal unvermeidbar. Die Population der Kormorane wird aber auch durch natürliche Feinde in Schach gehalten: Ein Beispiel hierfür ist der Seeadler, der ihm regelmäßig die Beute abjagt. Kletterfreudige Eier- und Jungvögelräuber wie Waschbären können ganze Kormoran-Kolonien auslöschen.

# Graureiher

## Ardea cinerea

Einst galt der Graureiher als edle Jagdbeute. Doch die Zeiten, in denen Fürsten sich mit seinen Federn schmückten, sind längst vorbei. Der Vogel mit seiner Flügelspannweite von bis zu 1,95 Meter ist selbst ein Jäger, dessen unaufgeregte, auf Effizienz getrimmte Taktik unerreicht ist.

Still und hochbeinig stakst der Graureiher mit gesenktem Kopf und angespannt gekrümmtem Hals durch seichtes Wasser. Weil er dabei so ruhig ist, bemerken Fische, Frösche, Molche, Schlangen und Wasserinsekten ihn erst, wenn es zu spät ist. Der Graureiher verschmäht auch Ratten und Mäuse nicht, die er – wie alle seine Nahrungstiere – im Ganzen verschlingt. Auf Wiesen wartet er stocksteif stehend auf Feldmäuse und verzehrt gelegentlich auch Eier und Jungvögel. Typisch für seinen Beutefang ist zunächst ein Vorbeugen wie in Zeitlupe, gefolgt von blitzschnellem Zustoßen. Wie von der Sehne geschnellt findet der spitze Schnabel sein Ziel.

Jahrhundertelange menschliche Nachstellung hat den Graureiher nicht davon abgehalten, in direkter Nähe zum Menschen seinen Vorteil zu suchen. Die Vögel nutzen sehr häufig Gewässer, die von Menschen geschaffen wurden. Dazu zählen Staugewässer, Fischteiche bis hin zu kleinsten Ziergewässern in Gärten, deren Goldfische den grauen Jäger magisch anziehen. Versuche, den Graureiher davon abzuhalten, sind oft vergeblich: Der vorsichtige Vogel lässt sich zwar schnell vertreiben – doch sobald die Vogelscheuche verschwunden ist, stelzt er erneut an den gedeckten Tisch. Wäre dieses Tier nicht gefiedert, könnte man von „Dickfelligkeit" sprechen. Sorgen machen muss man sich um den Graureiher jedenfalls nicht: Der kommt zurecht.

# Silberreiher

## Ardea alba

Der Silberreiher wird häufig auch als Weißreiher bezeichnet. In Mitteleuropa ist er ein lokal verbreiteter und häufiger Brutvogel. In den letzten Jahren zeigen sich die eleganten Vögel auch in der Lüneburger Heide das ganze Jahr über.

Zunächst waren die ersten Sichtungen noch kleine Sensationen. Oft glaubten Beobachter, einen Storch zu sehen oder bemühten Naturlexika, um die großen weißen Vögel zu identifizieren. 2012 gelang der erste sichere Brutnachweis. Mittlerweile ist der Silberreiher auch schon in Kleingruppen zu beobachten. Seine Fluchtdistanz verringert sich zunehmend, jedoch ist sie immer noch größer als bei seinem grauen Verwandten. Dort, wo beide Reiher im selben Gebiet vorkommen, verhält sich der Graureiher dominant. Er startet regelrechte Flugattacken auf die neuen Gäste, um diese zu vertreiben.

Der Silberreiher lebt gern in der Nähe von Gewässern, die mit Schilfgürteln und Bäumen umsäumt sind. Hier erbeutet er Fische und Amphibien. Außerhalb der Brutzeit jagt er auch auf Grünlandgebieten nach Insekten und Mäusen.

Werden Silberreiher dauerhaft in der Heideregion Fuß fassen können? Es sieht ganz danach aus.

# Kranich

## Grus grus

„Wenn das Wollgras graue Kätzchen aus den Blüten schiebt, die Porstbüsche sich röter färben, die Birkhähne trommeln und die Himmelsziegen meckern, dann klingt es eines schönen Abends aus der Höhe herab auf das Dorf hinunter, und das junge Volk, das sich des Frühlings freut, lacht und sagt: Unsere Musikanten sind wieder da." Der Heidedichter Hermann Löns liebte die Kraniche – Vögel, die man hier lange vermisst hat.

Über viele Jahrzehnte waren die größten Schreitvögel Europas nur an wenigen Wintertagen Durchzugsgäste im norddeutschen Tiefland. Anfang der 1980er-Jahre gab es die ersten Hinweise auf Kranichbruten im Drömling. Dort, im urwüchsigen Niemandsland zwischen West und Ost, war die Natur noch intakt genug, um die alten Weggefährten wieder aufzunehmen. Dann, Anfang 1985, standen erstmals zwei Kraniche im Kiehnmoor.

Seitdem erblickt man die großen Vögel öfter in der Heide – jedes Jahr ein paar mehr. Sie sind kaum zu übersehen, wenn sie auf Wiesen und Feldern nach Nahrung suchen: Bis zu 1,30 Meter Körperhöhe kann ein ausgewachsenes Exemplar erreichen. Zu überhören sind sie keinesfalls: Viel zu gerne trompeten sie laut und bei jeder Gelegenheit. Mit ihren volltönenden Rufen synchronisieren sie sich im Flug, begleiten ihre Balztänze und warnen bei Störungen in ihrem Revier. Auf letztere reagieren sie äußerst empfindlich. So manches Gelege wurde schon wegen querfeldein pirschender Naturfreunde verlassen.

Ihre Brutgebiete suchen Kraniche auf feuchten oder moorigen Flächen fernab der Zivilisation. Meist wird nur ein Junges pro Jahr groß. Die kleinen Kraniche gleichen ihren Eltern anfangs nur wenig: Sie sind erst gelblich, später orange gefärbt. Als typische Zugvögel sind Kraniche exzellente Flieger. Bis zu 2,30 Meter misst die Spannweite ihrer Schwingen. 2.000 Kilometer können sie ohne Zwischenstopp pro Tag zurücklegen. Je wärmer die Winter in unseren Breiten werden, umso mehr werden Kraniche zu Dauergästen in der Region.

# Weißstorch

## Ciconia ciconia

Feuchtes Grünland ist der typische Lebensraum der Weißstörche. Besonders wichtig sind Flächen mit Teichen und Weihern, die extensiv bewirtschaftet werden. Nur dort können die großen Vögel ausreichend Nahrung für sich und ihre Nachkommen finden.

Störche haben ein Faible für Landmaschinen. Oft kann man beobachten, wie sie langsam hinter Mähmaschinen oder pflügenden Traktoren einherschreiten und Regenwürmer und Insekten aufpicken.

Seit einigen Jahrzehnten hat intensive Bewirtschaftung die Kulturlandschaften nachhaltig beeinflusst: Ehemals feuchtes Grünland wurde entwässert, immer größere Mengen von Pestiziden werden ausgebracht. Infolgedessen verschwinden die Nahrungstiere des Weißstorches. Selbst dort, wo die Landschaft noch grün erscheint, erkennt man auf den zweiten Blick oft einförmige Wiesen und Weiden, auf denen vielfältige Pflanzengesellschaften fehlen.

Eine große Gefahr für Störche sind elektrische Freileitungen: Sie werden für große Vögel oft zur tödlichen Falle. Der Tod an Stromtrassen steht mit fast 70 Prozent aller Unfälle von Störchen an erster Stelle. Dieses Problem könnte man mit vogelfreundlicher Konstruktion der Masten oder das Verlegen von Stromleitungen unter die Erde entschärfen. Eine Maßnahme, für die auch viele Menschen dankbar wären.

Das leichte Anwachsen der Population in Niedersachsen ist vor allem auf Zuzug aus anderen Gebieten zurückzuführen. Wegen Nahrungsmangel und ungünstiger Witterung reicht der Bruterfolg hiesiger Störche nicht aus, um natürliche und unnatürliche Verluste auszugleichen.

# Schellente

## Bucephala clangula

Eigentlich verhalten sich Schellenten wie alle anderen Enten. Nur in Sachen Brutverhalten leisten sie sich eine Extravaganz: Statt ihre Nester am Boden zu bauen, brüten sie in Baumhöhlen. Mit ihren typischen Entenschnäbeln können sie natürlich kein Holz bearbeiten. Also nutzen sie fertige Behausungen von Schwarzspechten oder alternativ spezielle Nistkästen als Brutplätze.

Das Brutgeschäft obliegt allein dem Weibchen. Die fast doppelt so schweren Erpel müssen schon deshalb draußen bleiben, weil sie meist gar nicht durch den Eingang der Unterkunft passen. Von außen wachen sie noch eine Zeit lang über das Geschehen. Doch bald ziehen sie sich zurück.

30 Tage lang brütet die Ente im engen Unterschlupf. Sind alle Küken geschlüpft und das letzte getrocknet, steht eine erste Mutprobe an. Die Mutter fliegt zum Boden und lockt ihre Jungen aus der schützenden Baumhöhle. Dank kleiner Krallen an ihren Füßen können sie den Ausgang erklimmen und sich todesmutig in die Tiefe stürzen. Ihr Verletzungsrisiko ist dabei recht gering. Federleicht, mit flatternden Flügelchen und breit gespreizten Schwimmhäuten landen die mutigen Küken am Boden. Kurz wird sich sortiert, vielleicht noch auf einen Nachzügler gewartet, und schon geht's weiter zum nächsten Abenteuer.

Der Brutbaum von Schellenten kann sich bis zu einem Kilometer entfernt vom nächsten Gewässer befinden. Auch wenn die Mutter den Weg vorher genau ausgekundschaftet hat, für kleine Entenbeine ist er oft weit und voller Hindernisse. Endlich am Wasser angekommen, werden die jungen Schellenten bereits nach sechs bis acht Wochen selbstständig und schwimmen danach bis zu 17 Lebensjahre lang ihrer eigenen Wege.

# Nutria

## Myocastor coypus

Die Nutria, auch Sumpfbiber oder Biberratte genannt, stammt ursprünglich aus Südamerika. Vor dem Zweiten Weltkrieg wurden Nutrias in Europa in Pelztierfarmen gezüchtet, aus denen Tiere in die Freiheit entkamen; manche wurden auch ausgesetzt. Mit der Zeit konnten sich die Nager, die bis zu zehn Kilo schwer werden und zu einer Körperlänge von 60 Zentimetern heranwachsen können, hier etablieren. Charakteristisch sind der unbehaarte, runde Schwanz und die orangefarbenen Nagezähne. Der Lebensraum der Nutria überschneidet sich mit dem des aus Nordamerika stammenden Bisams und dem des heimischen Bibers. Gegenüber Bisam und Biber verhält sich die Nutria oft aggressiv und dominant. Die Nutria wurde vereinzelt dabei beobachtet, wie sie Biberbauten kurzerhand besetzte. Dort, wo der Biber nicht vorkommt, bevölkern Nutrias eine freie ökologische Nische. Es ist kaum anzunehmen, dass die Exil-Südamerikaner, die durch das Graben von Bauten in Uferböschungen und das Fressen von Raps, Mais und Kartoffeln für Schäden sorgen, diese Nische so schnell verlassen. Im Gegenteil: Die Klimaerwärmung dürfte die weitere Ausbreitung dieser wärmeliebenden Art noch fördern.

# Fischotter

## Lutra lutra

Er ist einer, der schon fast von der Bildfläche verschwunden war. Der Fischotter braucht saubere Gewässer, natürlich verlaufende Flüsse, Seen oder Bäche. Wichtig sind ihm Bäume im Uferbereich, wo im Schutz der unter Wasser liegenden Wurzeln Fischotterjunge ihre ersten sechs Lebenswochen in gut geschützten Höhlen verbringen.

Über Jahrzehnte wurden die eifrigen Fischräuber massiv bejagt. Durch die Trockenlegung ihrer Lebensräume setzte man den Wassermardern zusätzlich zu. Lange galten sie daher als vom Aussterben bedroht. Anfang der 1980er-Jahre erinnerte man sich wieder an den fast verschwundenen Otter. Der bis zu 1,50 Meter lange Jäger machte einen bemerkenswerten Imagewandel durch – von der mittelalterlichen Fastenspeise über den Lieferanten edlen Pelzes und stark bejagten Fischdiebs hin zum Naturschutzsymbol.

Nun erlebt der Fischotter ein sensationelles Comeback als Indikator für natürliche Gewässerlandschaften. Die hervorragenden Schwimmer sind zwar wegen ihres menschenscheuen Verhaltens nur selten zu sehen, aber doch wieder in den naturbelassenen oder renaturierten Feuchtgebieten Niedersachsens vorhanden.

Von Natur aus stromlinienförmig sind Fischotter hervorragende Unterwasserjäger. Ihr Pelz ist mit 50.000 Haaren pro Quadratzentimeter kompakt und wasserdicht bestückt. Bei Tauchgängen werden Otter daher nur oberflächlich nass.

Ein ausgewachsenes Tier benötigt pro Tag bis zu ein Kilogramm Nahrung, die hauptsächlich aus Fischen, aber auch Mäusen und Weichtieren besteht. Um reichlich Beute zu machen, müssen Otter weit umherstreifen. Diese oft kilometerweiten Wanderungen sind sehr gefährlich. Viele Fischotter werden dabei zu Verkehrsopfern, denn unglücklicherweise scheuen sie Brücken: Sie tauchen nicht einfach unter ihnen durch, sondern verstehen sie – warum auch immer – als gefährliche Hürden. Daher gehen sie lieber über Land und überqueren Straßen. Dem Fischotter helfen zum Unterqueren von Brücken angelegte Wege im Uferbereich - sogenannte „Otterstege". Auch dichte Bepflanzung und Leitzäune verhindern, dass die Tiere auf die Straße laufen und dort überfahren werden.

Der Fischotter hat zwar mit der Rückeroberung seiner angestammten Habitate begonnen, trotzdem ist er nicht wieder überall dort, wo er eigentlich hingehört: Vor allem sind die Missstände an den Gewässern noch längst nicht behoben.

# Biber

## Castoridae

Kaum ein Lebewesen hat menschlicher Gestaltungskraft so viel tierische Bauwut entgegenzusetzen wie der Biber. Mit seinem unstillbaren Drang, die Landschaft nach seinen Bedürfnissen zu formen, kam der Biber dem Menschen schnell in die Quere. Deshalb wurde er fast ausgerottet. Der nimmermüde Biber arbeitet in ganz anderen Dimensionen als andere tierische Baumeister wie etwa Ameisen oder Spechte. Er gestaltet ganze Flussläufe um. Heute baut sich der stattliche Nager sein Reich neu auf.

Um seine Behausungen, die „Biberburgen" anlegen zu können, braucht das rund 20 Kilogramm schwere Tier Gewässer mit Tiefen, die gewährleisten, dass der Eingang zur Burg immer mindestens einen halben Meter unterhalb der Wasseroberfläche liegt. Um das zu erreichen, baut der Biber Dämme. Dabei geht er so ambitioniert vor, dass es ihm egal ist, ob er nun einen Bach, ein Flüsschen oder einen Strom aufstauen muss. Dafür nagt er entlang der Ufer Bäume aller Größen um. Für ihn sind sie Baumaterial und Futter zugleich. Zurück bleiben Stümpfe, die aussehen, als hätte man sie mit einem riesigen Bleistiftanspitzer bearbeitet.

Schon früh machte sich der Mensch daran, den tierischen Landschaftsarchitekten aus dem Verkehr zu ziehen. Das praktisch wasserdichte Fell des Bibers mit bis zu 23.000 Haaren pro Quadratzentimeter – der Mensch hat nur bis zu 600 Haare auf derselben Fläche – machte ihn zum begehrten Jagdobjekt. Hinzu kam, dass der Wasserbewohner im Mittelalter bei Christen – die geflissentlich ein Auge zudrückten – in der Fastenzeit als „Fisch" durchging und gerne verspeist wurde. Was den Biber bis vor einigen Jahren selten machte, war der Verlust seines Lebensraums: In Wasserläufen, die der Mensch zu „Vorflutern" technisiert, begradigt und kanalisiert hatte, war kein Platz für den Biber.

Heute ist der Wasserburgenbauer wieder auf dem Vormarsch. Stetig erobert sich der Biber die Flussläufe Stück für Stück zurück. Dabei schert er sich nicht darum, ob und was Menschen entlang der Ufer veranstalten. Er macht sein Ding. Und das ist: bauen, bauen, bauen. Das führt zu Konflikten, die man so regeln könnte, dass man dem Biber innerhalb eines tolerierbaren „Bebauungsplans" seine Freiheit lässt. Denn das Treiben hat einen Sinn: Dort, wo Biber ausreichenden Lebensraum finden, bestehen auch günstige Voraussetzungen für die Vielfalt des Lebens im und am Wasser.

# Danksagung

**Theo Grüntjens:** Mein besonderer Dank gilt meinem Arbeitgeber Rheinmetall für über 33 Berufsjahre auf dem schönsten Firmengelände Deutschlands. Ich danke meiner Frau, Cornelia Meutzner, die mit unermüdlichem Einsatz Texte abgestimmt, verbessert und korrigiert hat. Sie hat nicht nur die Bildmotive ausgewählt oder angemahnt, sondern mit eigenen Bildern das Buchprojekt vorangebracht. Sie hat mit ihren Ideen, ihrem Rat und ihrem enormen zeitlichen Einsatz das Buch zu dem gemacht, was Sie in den Händen halten. Eva Neuls danke ich für die unkomplizierte und perfekte Umsetzung vom Konzept zum Buch. Klaus Tamm, meinem Lehrmeister der Fotokunst, danke ich für die stets willkommene Begleitung beim stundenlangen Warten auf das richtige Motiv. Ich freue mich, dass er einige seiner grandiosen Bilder für das Buch zur Verfügung gestellt hat. Ich danke dem Otterzentrum Hankensbüttel für die Möglichkeit, kurz vor Drucklegung des Buches noch Steinmarder und Fischotter im Bild festzuhalten. Ferner danke ich Wienfried Häsemeyer für das Hirschkäferbild aus Niebeck, das er zur Verfügung gestellt hat. Last but not least danke ich Michael Ende, der mit einer Mail vom 25. September 2012, um 21.03 Uhr die Initialzündung zu diesem Buch gab.

**Michael Ende:** Ich danke all jenen Waidmännern, Petrijüngern und Imkern, die mit mir durch Wald und Heide streifen. Sie haben mich immer wieder aufs Neue gelehrt, diese Welt mit ihren Augen zu sehen und die komplexen Zusammenhänge zu verstehen. Theo Grüntjens ist einer, dem ich grandiose Einblicke in ein einzigartiges Natur-Kleinod zu verdanken habe, das so nur unter seiner Obhut im Verborgenen heranwachsen konnte. Dank gilt Eva Neuls für ihre hochprofessionelle und einfühlsame Arbeit am Projekt. Verneigen muss ich mich vor meiner Frau Sandra und unseren Töchtern Tinka und Malin: Sie gönnen mir nicht nur ausgedehnte Pirschgänge im heimatlichen Revier und tolerieren nächtelanges Arbeiten am Schreibtisch, sondern sind auch unschlagbar als nimmermüde Ideengeber und Spender unerschöpflicher Lebensfreude.

# Nachwort

Liebe Leserinnen und Leser,

wir hoffen, es ist uns gelungen, Ihnen interessante, wissenswerte Einblicke in die Natur einer Landschaft zu geben, deren Schutz und Erhalt uns am Herzen liegt.

Die Textinhalte enstammen grundsätzlich unseren eigenen Beobachtungen und Kenntnissen. In einigen Teilen haben wir sie mit Details aus öffentlich verfügbaren Quellen angereichert. Die lateinischen Bezeichnungen für Tiere und Pflanzen beziehen sich auf die Systematik von Carl von Linné.

Bitte sehen Sie die hier veröffentlichten Inhalte nicht als exakte naturkundliche Wissenschaft, sondern als eine Zusammenfasung von Erfahrungen und wissenswerten Informationen mit regionalem Bezug, ohne Anspruch auf Vollständigkeit.

Theo Grüntjens und Michael Ende

im Juli 2016

**Abbildungsnachweis**
Klaus Tamm – Seite 41: Zauneidechse, Seite 45: Kreuzotter, Seite 50: Haubenlerche, Seite 51: Heidelerche, Seite 61: Wiedehopf, Seite 66: Baumfalke, Seite 112: Wolf, Seite 129: Fledermaus, Seite 179: Rohrweihe

Wienfried Häsemeyer – Seite 132: Hirschkäfer